岩　波　現　代　文　庫

歌うカタツムリ

進化とらせんの物語

千葉　聡
Satoshi Chiba

社会 341

岩波書店

目　次

プロローグ

およそ二〇〇年前、ハワイの古くからの住民たちは、カタツムリが歌う、と信じていた。彼らは先祖代々、ハワイの森や林の中に途絶えることなく湧き上がる不思議な音を、小心者のカタツムリたちのささやき声だと考えていた。一九世紀の半ば、宣教師の身でありながら、ハワイのカタツムリ――ハワイマイマイの研究から進化学の歴史に偉大な足跡を残したジョン・トマス・ギュリックも、このカタツムリたちの歌声のことを書き残している。若き日のギュリックは、木の上に群れをなしているハワイマイマイが奏でる、さざめきのような音を聞いたというのだ。真夜中に聞こえたその音を彼は、天球の音楽からのこだま、と表現した。そして、その繊細で不思議な響きは、コオロギの鳴き声などといったものではなく、カタツムリたちの神への賛美の声である、と。

一方、それから後の時代の研究者の多くは、この話には否定的だった。カタツムリが音を出すということは考えにくい、おそらくコオロギの鳴き声を勘違いしたものだろう、と結論づけている。結局このカタツムリの謎は、完全には解けぬままとなった。なぜならハワイのカタツムリたちは、二〇世紀に入ると、わずかな痕跡を残して忽然とその姿を消してしまったからだ。証拠立てるものが失われてしまった今となっては、歌うカタツムリの真相は知る由もない。

1 歌うカタツムリ

歴史とカタツムリはよく似ている。どちらも繰り返す、そして螺旋（らせん）を描く。それが悲劇か喜劇かはともかく、歴史が繰り返される点でローマの歴史家とマルクスの意見は一致していたし、ヘーゲルとフランシス・ベーコンとノストラダムスの共通点は、彼らには歴史が螺旋階段に見えることだった。一方、成長するカタツムリの殻は、未来の自分の頭がいる位置――文字通り目と鼻の先の場所までたどり着くのに、今使っている貝殻の上に炭酸カルシウムの貝殻を新しく付け足しながら一回転、一度はるばる後ろ側を回ってから戻ってくる。これを幾度も繰り返して螺旋形の貝になる。

進化とカタツムリの関係はどうだろう。こちらはちょっと複雑だ。チャールズ・ダーウィンにとって、進化には少なくとも二つの意味があった。一つめは歴史――生物は共通の祖先から少しずつ変化して枝分かれしてきた、という歴史の意味。二つめは、その変化を駆動する仕組みの意味。

さまざまな進化の仕組みを思いついたダーウィンが、なかでも最も重要だと考えたのが、方向性のないランダムな性質のばらつきと、それにかかる自然選択だ。この仕組みで進化が起こるという考えが、ダーウィンの提唱した「自然選択説」である。生物集団に生じる個体の性質のばらつき――すなわち変異の中で、子孫を他より多く残すことのできる変異が、他より高い割合で自らのコピーを残す結果、何世代も後には変異の構成が大きく変わり、その生物の集団では、大きな性質の変化が起きるという考えだ。

それはちょうど、雨水や川の浸食が、隆起する大地の硬い部分を少しずつ選択的に残す、そのプロセスが、長い時間の後に目の眩むような巨大な峡谷を造りだすことと似ている。あまりにスピードが遅いので変化していないように見えるのに、時間がたってみるといつの間にかずいぶん移動している、という意味では、このプロセスはカタツムリの歩みにもよく似ている。では進化の歴史はどうだろう？　ダーウィンにとっては、進化の歴史はどこに飛んでいくかわからない矢のようなもので、その軌跡は線香花火が描くような樹木の形のイメージだ。

歴史が繰り返されるのは、進化の考え方のほうかもしれない。進化の歴史であれプロセスであれ、進化に関わるダーウィン以来の論争は、核心の部分に注目してみれば、実はほとんど同じ争点をめぐって同じ論争が繰り返されてきたように見える。ただし、新しい時代の論争は、同じ風景を見ているようで、実は新しいステージに登っている。カタツムリのように螺旋を描いて前進していくのだ。

しかし、なぜ自由に、勝手な方向に進めないのか。たぶんそれは、たどってきた歴史のせい。それに、いつも何かを選び、何かを捨てているからだ。たとえば、最愛のひとりを選んだ末に破局を迎えた経験ゆえに、次の恋愛に臆病になるようなものだ。

では、螺旋を新しいステージに前進させるものは何か。そして螺旋からの脱却を促すものは何か。たぶんそれはどちらも同じ。新しい出会いと偶然の力だろう。たとえば、幸運な出会いは、勇気と新たなステージの恋を導く。再び破局を繰り返すかどうかは、過去から何を学ぶか、出会いから何を得るか、それ次第だ。

取捨選択の歴史は未来を制約し、出会いと偶然は、その制約から未来を解放するのだ。

さて、本書が扱うのは、カタツムリ。カタツムリから見た進化の考え方の話と、進化の考え方がたどったカタツムリのような歴史の話である。

ビーグル号の航海

まだハワイの森が夥（おびただ）しい数の可憐なハワイマイマイで賑わい、いくらでも手に入るその美しい殻で島の人々がレイを作り、頭や首、肩に掛けて身を飾っていたころ、イギリスでは、轟音と煙を上げながら蒸気機関車が走るようになり、ラグビー校で行われたフットボールの試合では、エリス少年がいきなりボールを抱えて相手のゴールに向けて走り出していた。一九世紀は、欧米の社会が技術革新によって大きく変貌した時代である。現在の自然科学諸分野の基礎が築かれ、大衆の間では博物学が大人気となっていた。このような時代背景のもとで、当時の探検航海は、世界各地で地質や動植物の調査を行い、標本を持ち帰る博物学的な任務も担っていた。それは一八三一年、チャールズ・ダーウィンを乗せて、五年間に及ぶ世界一周の航海の途に就いた、イギリス海軍の測量船ビーグル号も同様であった。

南米大陸での調査を終えたビーグル号が、ガラパゴス諸島を訪れたのは一八三五年のことである。およそ一か月の滞在中ダーウィンは、この殺風景な溶岩だらけの不毛な島で、〝珍奇な〟他では見ることのできない動物や植物の調査活動に取り組む。

そしてそこでダーウィンが見たものは、彼に生物進化の着想をもたらす大きな契機となった。訪れた島ごとに、そこに住む固有の鳥、マネシツグミの形が異なっている。この観察事実はダーウィンに強い印象を与え、種は時間とともに変化し、共通の祖先から枝分かれする、という発想の最初のヒントとなった。

ダーウィンはこの時から二〇年以上のちに、生物は共通の祖先から進化してきたこと、そしてそのプロセスとして最も重要なのが、ランダムな変異にはたらく自然選択であることを主張する。またこのプロセスで、食物や住み場所など生息環境への適応によって、種が徐々に変化し、別々の種へと分岐すると考えた。さまざまに異なる環境のそれぞれに適応を遂げる結果、さまざまな種が進化するというのである。

さてダーウィンは、ガラパゴス諸島での調査の折、三つの島で、茂みや石の下から一五種のカタツムリを採集した。これらのカタツムリはいずれも、ガラパゴス固有のトウガタマイマイの仲間であった。この時、ダーウィンは採集をしたものの、あまりよく注意を払っておらず、このカタツムリの重要性には気づかなかったらしい。それがダーウィンの主張と深い関係をもつことがわかるのは、実に一七〇年も後のことであった。

ダーウィン自身にとってガラパゴスのカタツムリは、自説を裏づけるものというより、むしろ頭の痛い問題をもたらすものだったのかもしれない。彼は太平洋のどの火山島にもカタツムリが分布していることに対し、「自力で空を飛ぶことのできないカタツムリが、どうやって海を越えて島に渡ることができたのか」という問題に悩んでいた。大陸と違う種が島にいることを進化によって説明するためには、それが島で〝創造〟されたものではないことを示さねばならなかったからだ。海の上を海流に乗って運ばれたのではないかと考えたダーウィンは、それを確かめるため、リンゴマイマイを海水に浸けて放置するという実験を行っている。ダーウィンはその結果を、友人であり師ともいえるチャールズ・ライエルに報告し、その手紙の中で、「リンゴマイマイは実に二〇日間も海水中で生き延びた」と記している。

理由はともあれ、ダーウィン自身はガラパゴスのカタツムリに特別な関心は示さなかった。ところが、帰国後の一八三九年に彼が出版した『ビーグル号航海記』と、そこに著されたガラパゴスの不思議な動植物についての記述は、意外な形で太平洋のもう一つの巨大な火山島――ハワイ諸島のカタツムリを、進化研究の表舞台に導くことになった。そしてそれは、ダーウィンが着想した〝自然選択説〟に対する強力なライバルを生み出すことになる。

宣教師ギュリック

一八七二年八月二日、イギリス南部の村、ダウンにあるダーウィンの家を、一人の宣教師が訪ねてきた。彼の名は、ジョン・トマス・ギュリック。当時ダーウィンは、『種の起源』で提唱した自然選択説を、ヒトの進化に適用し、ヒトと動物の連続性を強く主張して大きな論争を巻き起こしていた。なぜ神に仕える男がそんなダーウィンのもとを訪れたのか？

時代はそれから三〇年ほど遡る。一八四五年、宣教師の家庭に育った当時一三歳のギュリック少年は、ハワイはホノルル郊外にあるプナホウスクールの寄宿舎で暮らしていた(ちなみにこの学校は、その一三四年後に、第四四代アメリカ合衆国大統領のバラク・オバマが卒業することになる)。当時のプナホウスクールの子供たちの習慣は、木の枝にまるでブドウの房のように群がっているカタツムリを捕まえて、その貝殻をコレクションすることだった。しかしギュリック少年のカタツムリ収集に対する情熱は、同級生の誰もかなわないほど並はずれたものだった。ハワイの美しいカタツムリが見せる果てしない多様性が彼を虜にしたのだ。あまり体が丈夫ではなかったにもかかわらず、昼に出発してから日が暮れるまでずっと森の中でカタツムリを探したり、そうして集めた何箱ものコレクションを整理するのに午後いっぱいを費やしたり、そんな日々だった。元来極度の近視に加えて病気がちだったので、療養のため一時的にハワイからオレゴンに移住したものの、すぐハワイに戻り、その後は困窮した父親が始めた牧場経営を手伝うなどしていた。その間も、カタツムリ収集への意欲が衰えることはなかった。

やがて二〇歳となったギュリックにとって、人生の大きな転機が訪れる。ダーウィンの『ビーグル号航海記』との出会いだった。そこでギュリックは、ガラパゴス諸島の奇妙な生物のこと――南米の生物の面影をもちつつも、他では見られぬ生物のこと、また、島ごとに特徴が少しずつ異なっている生物のことを知る。そして、ハワイ諸島固有のカタツムリであるハワイマイマイ類(図1)に、これらガラパゴスの生物と共通の〝自然の法則〟がはたらいていることに気づくのである。

以後、ギュリックはハワイ諸島固有のカタツムリ(ハワイマイマイ科とシイノミマイマイ科に属する固有種)の研究に没頭する。長年かけて収集した膨大なコレクションを抱えてアメリカ本土に渡ると、大学と神学校で学ぶ一方、知己を得た貝類学者らとの交流を経てハワイマイマイ科の分類と記載を行い、成果を論文にまとめて発表した。

ギュリックは、ハワイマイマイ類が島ごと、あるいは谷ごとに隔離されて、多様な種に分かれていることを見出していた。さまざまに異なる細長い木の実のような形に加え、黒、白、褐色、黄、赤、緑など、鮮やかな模様の組み合わせから、たくさんの型が区別され、それらはたいてい別の種として分類された。しかし中には、一つの型から別の型

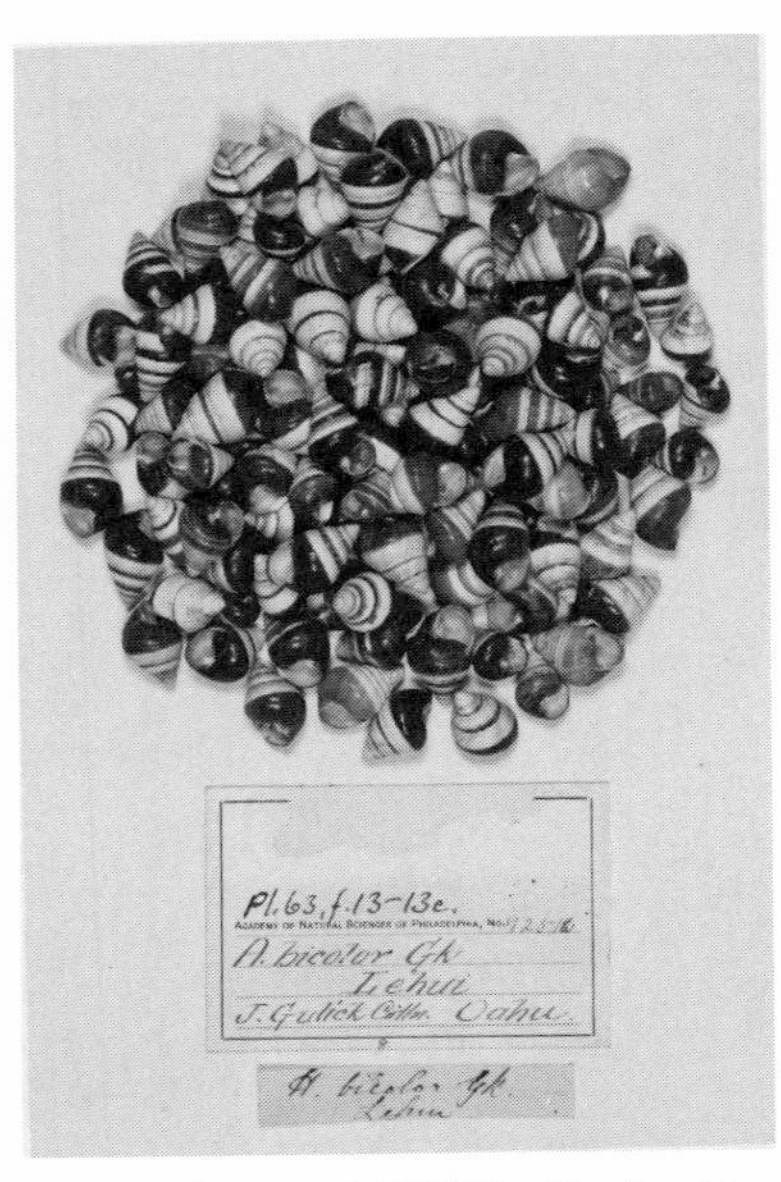

図1　ギュリックが研究に使ったハワイマイマイ属．標本ラベルに，ギュリックが採集したものであることが記されている．フィラデルフィア自然科学アカデミー蔵，ポール・カロモン氏の厚意による

への連続的な変化が見られ、種の区分が難しい場合もあった。特にオアフ島では、山の稜線で区切られた谷ごとに、色や形がさまざまに異なる種が分布して、目の眩むような多様さを見せていた。ちょうど稜線のある位置を境として、その両側の斜面にはそれぞれ別の種が住んでいる。わずかな距離の隔たりで、分布する種が一つの種から別の種ないし型に置き換わるのだ。しかし、一つの谷に住むハワイマイマイはたいてい一種だけで、複数の種が一緒に住んでいることはまれだった。ギュリックはこうしたパターンから、稜線などの地理的な障壁で一つの集団がいくつかの集団に分断され、集団間で個体の移動が阻害されること(地理的隔離)が、進化に重要な役割を果たすことを確信する。

だが、やがて神学校を卒業し、宣教師となったギュリックにとって、研究に専念できる時間は限られていた。三二歳で結婚、任地となった中国とモンゴルでの伝道が始まると、危険な土地での困難な布教活動となり、研究は中断せざるをえなかった。ギュリック夫婦の伝道生活は過酷を極めた。厳しい気候の下、武装した騎馬兵の攻撃に怯えながら、果てしない荒野を馬車で、ラクダで、あるいは徒歩で進むしかなかった伝道生活は、夫婦の体力をすり減らした。やがて最愛の妻が病に倒れる。彼自身も視力が衰え、著しく健康を害してしまった。伝道生活が始まってすでに一〇年が経過していたが、そこでようやく療養のための休暇が認められ、彼は一時的に布教活動を休止してその地を離れることになった。

アメリカからイギリスに渡り、しばらく滞在することが許された。ギュリックはこの休暇に、カタツムリの標本を持参した。もう研究に戻ることはないと思っていたので、大英博物館に自分のコレクションを寄贈しようと考えたのである。ところが博物館がまずやったことは、彼にその研究をするための部屋を与えたことだった。久々に手にしたカタツムリの標本は、彼に研究への情熱をよみがえらせた。

かくしてギュリックは、ようやく研究の場に復帰する。大量のカタツムリのコレクションを大英博物館に運び込み、整理と分類の作業にあたるとともに、ハワイマイマイ類の谷ごとに隔離された地理的分布について、論文をまとめ上げた。一八七二年に『ネイチャー』誌に発表されたこの研究成果は、ダーウィンに強い衝撃を与える。かくして、ダウンでの二人の対面が実現したというわけだ。

ギュリックはどこに出かけるときも、お気に入りのハワイマイマイ類の標本のセットを持ち歩いていた。ダーウィンとの対面のときも、持参した選り抜きのハワイマイマイの標本を見せて、その美しい模様が見せる変異のさま、その谷ごとに異なるさまを説明した。ダーウィンはギュリックの説明に感嘆し、議論を続けるために夕食に招待するほどだった。それは、ハワイマイマイ類の色や形が示す多彩な変異が、「種がもつ性質が少しずつ変化して別の種になる」というダーウィンの仮説を鮮やかに立証していたからかもしれない。

だが実は、ギュリックはその進化の仕組みについて、ダーウィンとは少し違う考え方をしていた。彼が重要だと考えた進化のプロセスは二つ。まず一つめは、集団が地理的に隔離されること――地理的隔離の効果だ。そして二つめは、偶然がもつ力。生物の性質――変異がランダムに変化するという考えだ。実はダーウィンは、このどちらについても『種の起源』の中で触れていた。自然選択の影響を受けない〝些細な変異〟もあるだろうと考えていたのだ。しかしダーウィンは、種の違いのような大きな性質の違いの進化には、偶然がもつ力よりも自然選択による適応のほうが重要だと考えていたのである。

ハワイマイマイ類の地理的に隔離された種どうしは、同じような環境に住み、同じ餌を食べているにもかかわらず色や形が互いに異なっている。これは、自然選択による適応では説明が難しい現象だった。そこでギュリックは、カタツムリの色や形の違いには適応的な意味はなく、地理的に隔離されたカタツムリは、それぞれの地域で色や形などが偶然に、ランダムに変化することで異なる種に進化すると考えたのだ。

ギュリックは、自然選択を否定していたわけではないが、自然選択だけでは異なる種への進化は起こらないだろうと考えていた。また、自然選択による適応が起きるのは、住み場所や餌にはっきりした違いがあって、それが個体の生存に影響する場合に限られると考えていた。ギュリックはオアフ島で、谷ごとに植生や気候条件、捕食者の有無などを詳細に調査したが、ハワイマイマイ類の生存に影響しそうな要因の差はもちろん、いかなる環境の差も見出すことができなかった。加えて、ハワイマイマイ類の殻の形や殻の色、模様、殻に巡らせた帯の数や太さ、位置などが見せる無限の多様性には、住み場所の環境との間に、なんらの関係も見出すことができなかった。したがってハワイマイマイ類の場合は、ランダムな変化で説明すべきだと考えたのだ。

しかし当のギュリックは、念願のダーウィンとの面会を果たし、論文を出版し、英国王立協会で発表して称賛を受けたことで満足して、これで研究の世界から完全に手を引くつもりだった。そしてまもなく、中国とモンゴルでの厳しい伝道生活に戻ってしまう。だが神に遣わされた戦士としての過酷な放浪生活は、再びギュリックとその家族の体を蝕んだ。苦難に満ちた布教活動を続けた末にギュリックは病にかかり、ついに妻も子も失ってしまう。

一八七五年、試練の伝道生活からの退却を余儀なくされ中国を去ったギュリックは、その当時、親族が宣教師として居住していた日本に移った。そこは気候も温暖で、厳しい放浪生活にさらされることもなく、悲しみと、疲れ果てた心と体を癒すには好ましい任地だった。すぐに健康を回復し、大阪に居を構えると、まもなく不屈の闘志で布教活動を再開した。さらには再婚して新たな妻との間に二人の子をもうけ、日本を安住の地と決める。

そんなギュリックのもとには、やがてキリスト教への関心だけでなく、西洋科学への好奇心を抱いた日本人が集まってくるようになった。彼の科学知識に感化された人々だ。自らの知識と学問に魅かれた人々のために努力する――それは宣教師となって以来、初めての経験だった。そんな日本人たちとの交流を通じて、布教と学問上の業績が新たな関係を持ち始める。神への信仰と進化の研究が、ライフワークとして並び立ったのだ。かくして、生物学者としてのギュリックが復活する。

ランダム進化vs適応主義

この時、ギュリックはすでに五〇歳を超えており、ダーウィンもこの世を去っていた。だがギュリックは、宣教師としての布教活動を継続しつつ、かつてダーウィンを驚かせた研究を再開した。ハワイに残してきたカタツムリのコレクションを取り寄せると、再びその進化の謎解きに取り組んだのである。大阪を中心に質素な伝道生活を送る一方、膨大な量の本や雑誌を輸入、購読し、科学に限らず、当時の西欧社会の最新の知識や情報を手に入れていた。

もっぱら手紙のやりとりによってであったが、この時期、エジンバラ大学の若き教授であったジョージ・ロマネスとの交流は、ギュリックに大きな影響を与えた。ロマネスは、ダーウィンの最後の、そして最も若い弟子であったが、ギュリックと同じく、自然選択だけでは進化のプロセスとして不十分だと考えていた。また、ダーウィンが『種の起源』の中で十分に説明しなかった部分、すなわち種分化――新しい種が進化すること――が、どのように起こるかについて論証を試みており、ギュリックによるハワイマイマイの研究成果に強い関心をもっていた。ギュリックは、このロマネスとのやり取りを通じて、それまであいまいだった〝種の違い〟が意味することについて、考えを整理することができた。種分化を、異なる集団同士の間で交配が妨げられる性質(生殖的隔離)の進化のことだと認識したのだ。

彼らは、お互いを卓越した生物学者と認めていた。ロマネスは進化を学んで以来キリスト教信仰を捨てていたが、それにもかかわらず、宣教師のギュリックとは盟友と呼ぶべき関係にあった。ギュリックはロマネスとの交流を経て、種分化に対する理論的考察を深めていく。

一八八八年、ギュリックはリンネ協会誌に、ハワイマイマイ類の地理的変異にもとづく種分化の理論を発表した。この論文で彼はまず、問題の整理をする。生物にとって環境とは何か、そして隔離や種分化とは何か、そうしたことの意味をはっきりさせたのだ。そして、理論的な解析から彼が導いた結論は次のようなものだった――地理的にひとまとまりとなった集団の中では、生殖的隔離の進化、すなわち種分化は起こらない。種分化が起こるためには、一つの集団がいくつかの集団に地理的に隔離されなければならない。そしてその種分化は、集団がもつ性質がランダムに変化することによって起きる。

一方、こうしたギュリックの研究成果は、ダーウィン以上のダーウィニストであったアルフレッド・ウォレスから、厳しい批判を浴びた。ウォレスは、生物のあらゆることが適応、つまり自然選択で説明できると考える「適応主義者」だった。ウォレスにとって、種分化は適応の結果(副産物)であり、それが起こるのに地理的隔離は必要なかった。

あたかもダーウィンの死後、その名誉を守るための全権をゆだねられたかのようなウォレスにとって、非適応的な進化の主張はすべて敵であった。そのためギュリックは、自然選択自体を否定していたわけではないにもかかわらず、彼の攻撃の標的となった。たとえばウォレスは、「ハワイマイマイ類は別の種が同じ生息環境に住んでいる」というギュリックの解釈を、「単にあなたには違いが見えないだけだ」と批判した。つまり、別の種の間に生息環境の違いが存在しないのではなく、カタツムリにとっては生息環境が違っても、その違いが人間には認識できないだけ、というわけだ。

ギュリックの一八八八年の論文に対して、ウォレスは『ネイチャー』誌上に、激しい批判のコメントを載せた。それはこんな文章で始まった。「昨年ギュリック氏からこの論文が送られてきて、これを私からリンネ協会に送り、掲載を働きかけてほしいと依頼された。論文は協会に送った。しかし実は、協会宛てに添えた手紙には、自分はこの論文を読んでいないし、その受理、掲載の推薦もしたくないと書いた」。続けて弾丸のように打ち込まれるウォレスのコメントは、「この長大な論文のほとんどすべてのページに疑問点と間違いが見受けられるので、どんなに長く批判しても足りない」「地理的に隔離されれば必ず環境の違いが生じて自然選択が重要になる。これはダーウィン氏が最も深く考えた点なのだが」「ダーウィン氏の自然選択に代わる、あるいはその補足に足るような新しい原理は何一つ示されていない」など、非常に辛辣なものであった。

これに対してギュリックは、直ちに反論のコメントを『ネイチャー』誌に寄せて応戦しようとした。しかし、誌面が両陣営の演説合戦の場と化して収拾がつかなくなることを恐れた編集者の判断で、自重させられてしまう。ところが、ギュリックに代わってロマネスが、自著の中でウォレスに対し痛烈な反論を展開する。「ウォレス氏は自然選択以外の説明もありうるとしながら、実際には自然選択以外を一切認めない」「ギュリック氏の驚くほどの厳密な結果に対してウォレス氏は、無知なせいで、自然選択で何でも説明できるという相変わらずの憶測に基づく恒例の反論しかできない」「ギュリック氏の論文に対するウォレス氏の批判を読むと、思い込みの強さがこれほどまでに圧倒的な影響を及ぼすものかと、深い感銘を受けざるを得ない……これだけたくさんの首尾一貫した反証事例があるのに、そのように主張するのはもはやただのドグマとしか言いようがない」。

進化学者ギュリック

決着はつかなかったものの、この論争は、自然選択以外のプロセスが、種分化を考えるうえで重要であることを印象づけた。またこの論争は多くの生物学者の注目を集め、ギュリックの名を一躍高めることになった。そしてギュリックは、当時世界で最も影響力のある進化学者のひとりと見なされるようになったのである。

すでにこの時期にギュリックは、進化、そして種分化の研究には、数学的な取り扱いが重要であることを知っていた。特に彼が重視した偶然の変動による進化の研究は、数学の領域であることに気づいていたのだ。一八九三年にギュリックは、大阪からオックスフォードで療養中のロマネスに宛てた手紙の中で、彼の病状を気遣うとともに、自分は今、生物学の問題から発展して、「確率の数学理論」を研究していること、その研究を通して「豊かな鉱脈にたどり着いた」ことを記している。

一八九九年、二〇年以上に及ぶ日本での布教活動を終え、ギュリックはアメリカに移った。生物学を巡る状況は急速に変わりつつあった。一九〇〇年にはメンデルの遺伝法則が再発見され、それとともに、突然変異の効果がにわかに注目されるようになっていた。特に、メンデルの法則を背景に、突然変異によって進化が起こると考える「突然変異説」が、進化のプロセスとして支持を集めるようになってきた。

一九〇五年、七三歳となったギュリックは、ワシントンのカーネギー研究所から、自身の研究の集大成とも言うべき著書を出版した。その中で彼は、集団内にたまたま繁殖に参加できない個体がいたり、ランダムな死亡が起きたりすると、集団に存在する変異の構成(たとえば、殻にどんな模様をもつ個体がどのくらいの割合でいるか)が世代とともに変化することを示した。その実例として、火山噴火の影響によってカタツムリの個体がランダムに死亡したために、集団ごとの殻の色に違いが生じたことを挙げている。この考えは、それから二〇年以上後に、「遺伝的浮動」と呼ばれるプロセスとして定式化されたものであった。

またギュリックは、集団のうちのごく少数の個体が地理的に隔離されることによっても、種分化が起こりうると結論している。多数の個体からなる集団からごく少数の個体をランダムに取り出した場合、その変異の構成はもとの集団に比べ、確率的に偏ったものになっている可能性が高い。この少数の個体を〝創始者〟として個体数が増えていき、新たに多数の個体からなる集団ができた場合、その集団の変異のありようはもとの集団とは大きく異なるものになるというわけだ。このプロセスはその後三〇年以上もたってから、「創始者効果」と呼ばれることになる。

ギュリックはまさに、ランダムなプロセスによる進化理論、そして地理的隔離による種分化理論の創始者であった。

だが、ギュリック渾身の著作は、高い評価を得たものの、以前ほどは大きな関心を引くものではなくなっていた。ギュリックの最大の理解者であったロマネスが早逝し、強力な盟友を失ったことも不利にはたらいた。一方、ダーウィンの自然選択説も、メンデルの法則と結びついた突然変異説が注目を集めるようになるとともに、後退していった。

メンデルの法則は、不連続的な性質、つまり明瞭に区別できる性質の変化と関係づけられていたため、性質の連続的な変化——たとえば羽が少しずつ長くなる、というような変化を想定しているダーウィンの理論と矛盾し、それを否定するものと考えられたのだ。皮肉なことに、当時ギュリックは、メンデルの法則や突然変異説が、実は自然選択説と矛盾しないことを見抜いており、そのことを息子に宛てた手紙に書き残している。だがそうした考えは、当時の生物学者では少数派だった。

あるいはギュリックの理論は、〝適応主義〟というライバルがいて初めて光彩を放つものだったのかもしれない。結局のところギュリック、ロマネス、そしてウォレスも、ダーウィンが始めたゲームのプレイヤーだったのだ。ライバルがいなくなれば、ゲームは終わりである。

雲海に包まれたハワイの高峰のように、孤立した高い峰の頂にひとりで登りつめてしまったギュリックの意義、その理論がもつ本当の価値は、当時の主流の生物学者たちに理解されることはなかった。その真の重要性が理解されるのはずっと後のこと。一九三〇年代以降、メンデルの遺伝学とダーウィンの進化理論が結びつき、総合説——現代の進化学の枠組み——が誕生するまで待たねばならなかった。

2 選択と偶然

眼下に見える海は、白く縁どられたエメラルド色の結晶体のようで、沖に向かって、さまざまに彩りを変えつつ彼方で紺碧の空と一線を画していた。浜辺には立派なヤシの木が密生し、その葉で屋根を葺いた素朴な人家が点在していた。森から外に出れば照りつける強烈な日差しが痛みを伴い、森に入れば湿度と熱気で息がつまるほどだ。

そんな熱帯の島で、険しい谷を遡り、雲のかかる稜線を越え、深い森をさまよいながら、木々の幹や葉のそこかしこにぶら下がっている細長いカタツムリを、木の実でももぐかのように捕らえて集めてゆく——。ヘンリー・クランプトンにとって、それは時折の苦しみと、時折の危険と、しかしそれさえも快楽に変えてしまう麻薬のような時間だった。一日の調査と採集を終えて山を下りると、村の酋長とその家族が彼を出迎え、歓待した。その時間を楽しむことは、彼の調査に付け加えられた素晴らしい特権だった。

クランプトンは南洋の探検にとりつかれていた。それは、どうしても止めることのできない中毒症状のようなものだった。彼を虜にして誘惑し続けたのは、美しい島と、陽気な人々との楽しいひとときと、そして南太平洋の島々に住むカタツムリ——ポリネシアマイマイ（**図2**）だった。その美しい貝が見せる無限の多様性は、彼にとってそれほど中毒性の高いものだった。

クランプトン

ニューヨークに生まれ、ニューヨークで育ったクランプトンにとって、まさか自分の後半生を南太平洋の探検に費やすことになるとは思いもよらなかっただろう。彼は一八九九年に、ニューヨークのコロンビア大学動物学科で博士の学位を取ると、一年後にそのままコロンビア大学に職を得た。学生時代の彼を指導し、さらに彼の上司となったのは、エドムンド・B・ウィルソンだった。彼は、弟子のウォルター・サットンを指導して、一九〇二年にバッタの生殖細胞の観察から、「遺伝子は染色体上にある」という説、すなわち染色体説の提唱に導いた。さらに一九〇四年にはトマス・モーガンを招き、ショウジョウバエの研究から、一九一〇年代の染色体説の実証に導いた。まさに当時最高峰の動物学者だった。

クランプトンが学生時代にウィルソンの指導の下で研究していたのは、巻貝の初期発生である。彼のテーマは、フタスジタニシの初期胚で中胚葉がどのようにできてくるかを調べることだった。しかしこの貝をうまく手に入れることができず、やむなく他の巻貝で代用することを思いつく。たまたま手に入れることができたのは、ハブタエモノアラガイともう一つ、殻が左巻きのサカマキガイだった。

実験室の顕微鏡で受精卵を観察しているうちに、彼はこれらの貝の受精卵の細胞分裂——卵割の仕方に違いがあることに気づく。卵割のときの細胞が示す卵軸(卵の両極を縦に結ぶ軸)からのずれが、この二種で逆方向に生じていたのだ。

図2 クランプトンが研究に使ったポリネシアマイマイ属．標本ラベルに，クランプトンが採集したものであることが記されている．ポール・カロモン氏の厚意による

巻貝の卵割の際、細胞の配置が卵軸に対して斜めにずれること、つまり螺旋卵割をすることは、すでに右巻きの貝で知られていた。しかし左巻きの貝では、このずれの向きが右巻きの貝とは逆になる、これは世界で初めての発見だった。クランプトンはその後も、巻貝のほか、ホヤ類を使って

初期発生の研究で目覚ましい成果をあげた。

同じころ、彼はパラビオシス（二匹の動物の体の一部を人工的に融合すること）にも興味をもっており、その実験に使うためヤママユガ科の幼虫を飼育していた。ところがその蛹（さなぎ）の形を計測しているうちに、生き残った蛹は死んだ蛹より変異の幅が小さいことに気づく。これは、自然選択によって生存に不利な変異が取り除かれる過程を示しているのではないか、そう考えた彼は、遺伝学と進化を結びつけることに強い関心を抱く。

その彼が一九〇五年に出会ったのが、ギュリックのハワイマイマイについての著書だった。適応主義者だったクランプトンにとって、この本は衝撃だった。「性質がランダムに変化することによって進化が起きる」というギュリックのメッセージを、クランプトンは自然選択説への重大な挑戦と受け取った。自分の目で確かめたい、そう思ったクランプトンが、南洋の生物に詳しい友人に相談すると、彼が勧めたのは南太平洋の島々に住むポリネシアマイマイだった。

翌年、クランプトンは、カーネギー研究所から資金を調達すると、さっそく南太平洋へとカタツムリ調査の旅に乗り出した。野外調査への挑戦は、実験生物学者としては極めて大胆な決断だが、これには師のウィルソンの影響もあったようだ。

遺伝学や発生学、細胞学の発展に大きく貢献したウィルソンだが、実は一方で一九世紀末から顕著になってきた、フィールド生物学と実験生物学の乖離に強い懸念を抱いており、生物学を進めるうえで最も重要なのは、異なる手法を融合した研究だと考えていたのである。

こうした事情から、クランプトンの研究も、そのテーマはフィールド生物学と実験生物学の融合だった。彼の研究計画は、まずポリネシアマイマイの地理的変異を調べ、それを地図上に示して環境との関係を調べること、次にその変異の遺伝様式を交配実験によって確かめ、自然界にみられる変異を実験的に再現できるかどうかを調べることだった。

二〇万匹のデータ

クランプトンはまずタヒチとモーレア島を訪れると、ポリネシアマイマイの分布を谷ごとに調べていった。採集した場所を記録すると、貝殻を一つひとつ計測し、色と模様を記録し、軟体部を解剖して観察する。その結果、彼がそこに見たものは、まさにギュリックがハワイマイマイに見た世界そのものだった。ポリネシアマイマイには、さまざまに異なる形、模様、色彩――白、褐色、黒、黄、淡紅色、さらには花びらのような菫(すみれ)色――で区別される型があり、それらは別の種の場合もあれば、同じ種が示す変異の場合もあった。しかも、谷ごとにそれぞれ別の型が分布しているのだ。彼はその多様性を記録し、その果てしない混沌の世界を把握する仕事に夢中になった。

それから一二年の間にクランプトンは、たった一人でタヒチとモーレア島の二〇〇を超える谷から八万匹のポリネシアマイマイを採集し、記録し、計測した。そしてクランプトンもまた、その大量のデータを用いてさえ、カタツムリの地理的な変異や型とそれが住む環境との間に、何らの関係も見出すことができなかったのだ。クランプトンは一九一六年、それまでのポリネシアマイマイの調査結果を総説としてまとめ、美しい多数の図版を入れて出版した。くしくもギュリックが自らのライフワークを著書として一九〇五年に出版した時と同じ、カーネギー研究所からの刊行だった。

ポリネシアマイマイの多様性は、彼がいくら調べても調べ尽くせなかった。新しい調査地では、必ず新しい変異が現れた。彼は島を探索し、貝を追い求めること自体に無上の喜びを感じるようになっていた。

一方、それを察したスポンサーのカーネギー研究所は、懸念を深めていった。無用の野外調査に資金を提供するわけにはいかないと感じたのだ。そして彼に、調査活動をいったん休止し、本来の目的であった遺伝学の実験をすぐに実行するよう求めた。だがクランプトンは、何かと口実をつけて実験を延期する。実験をやる気がないのなら、代わりに誰か協力者に実験をやってもらったらどうか、という提案にも耳を貸さなかった。

この時期、カーネギー研究所はすでに、自然史の研究を広く支援する姿勢を転換し、実験生物学を集中的に支援するようになっていた。野外調査の資金援助をすること自体が難しくなっていたのだ。当時の研究所委員会のアドバイザーで、研究所の方針に強い影響力を行使していた遺伝学者チャールズ・ダベンポートは、こう宣言している。「分類学や生物地理学の研究に対してカーネギー研究所は資金的援助をするべきではない。なぜならこれらは最も役に立たない分野だからだ」。人類の遺伝的改良の実現を目指す優生学者でもあったダベンポートにとって、フィールド生物学は無駄でしかなかった。

そしてついにカーネギー研究所は、クランプトンに対する資金の提供を打ち切った。だがクランプトンは、それならば、と今度はハワイのビショップ博物館から調査費用を調達して、ポリネシアマイマイの調査と採集を続けるのだった。

調査を始めてから二〇年が過ぎた。彼は昔の調査記録に加え、自分の過去の調査記録も比較して、この二〇年間にポリネシアマイマイに急速な進化が起きた可能性に気がついた。モーレア島ではミゾポリネシアマイマイが分布を拡大するとともに、過去に左巻きが優勢であったものが、右巻きに置き換わりつつあるのだ。巻き方向の違いが突然変異によって生じることもわかっていた。しかし、彼はそれでもまだ交配実験をしなかった。南太平洋のポリネシアマイマイの調査と採集にどこまでも執着し、ついに健康を害して自宅療養を強いられるようになるまで、それは続けられた。

結局、一九二九年まで行われた調査で、彼がひとりで採集し、記録し、計測したポリネシアマイマイは、全部で二〇万匹を超えた。単一グループの動物から得られた形態の計測データとしては、空前のものであった。

その膨大なデータをもってしても、地理的変異と生息環境との関係は全く認められなかった。彼は自然選択を重視する立場を放棄したわけではなかった。しかし、少なくともポリネシアマイマイの遺伝的変異は、自然選択に対して有利でも不利でもない中立なものばかりであると考えざるを得なかった。だから、「集団が地理的に隔離されたのちに、突然変異によって生じたランダムな変異が、それぞれの集団でランダムに広がってゆき、その結果、集団ごとに異なる特徴が進化する」――これが彼の結論だった。

ギュリックが着想したランダムな性質の進化のアイデアは、クランプトンによって遺伝学の背景を与えられ、高い精度のデータで裏づけられたのである。この研究は、進化生物学が新たな変革期を迎えつつあるなかで、自然から導き出された結果がもつ重要性に加え、そのデータの膨大さ、質の高さと信頼性の高さゆえに、その後のこの分野の行方に大きな影響を与えることになる。

クランプトンの本当の意思がどうであれ、結果から判断すれば、彼が野外調査にすべてを投入したことは誤りではなかっただろう。しかし一方で、彼が推定した形や模様の遺伝様式に対して、実験による厳密な裏づけを欠いていたことは、この研究の最大の弱点であった。実はそのことを一番よく認識していたのはクランプトン自身だったのかもしれない。最後の総説となった一九三二年の著作の中で、彼はこう記している。「結論として、多様化の過程をより完全に理解するためには遺伝学の手法が不可欠である。そして、ポリネシアマイマイの進化をより完全に理解するためには、実験室での遺伝学実験による分析的な手法の助けを借りることが必要だ。しかしながら、私のこの著作や以前の著作で示したような研究成果を得るためには、限りない時間と労力を費やさねばならなかった。そのため、このような実験をすることができなかった」。

彼は未完に終わった自らの仕事を引き継ぎ、完成させることを、未来の生物学者に託したのだった。

＊

クランプトンの同僚であり、かつクランプトンと同じく発生学から出発したトマス・モーガンは、クランプトンとは対照的にショウジョウバエを使った実験生物学を極めることで、生物学上の偉業を成し遂げる。彼は優れた協力者たちとともに、遺伝子が染色体上に配置されていることを証明し、メンデルの法則の本質を明らかにしたのだ。一九一〇年代のことである。

この発見によって、ある形質を決める遺伝情報が存在する染色体上の部位を「遺伝子座」と定義できるようになった。個体は父親と母親にそれぞれ由来する二つの染色体をもち、それぞれの染色体上の同じ遺伝子座を占める遺伝子が、その形質を決める「対立遺伝子」である(ただし性染色体を除く)。

こうして生物の遺伝を、仮想のものから実体のある〝物〟の振る舞いとして扱うことができるようになった。物理学者が力のはたらきを物の振る舞いで表現するように、生物学者は進化を遺伝子の振る舞いで表現することが可能になったのだ。あとは、いったい誰がそれをやってみせるかだ。

フィッシャー

誰かのために役立ちたいという崇高な使命感が、悪夢のように冷酷な思想を導いてしまうことがある。一方で、狂気じみた危険思想が科学上の偉大な功績をもたらすこともある。だが、この二つが同時に起こることは、そうめったにあるものではない。

その少年はロンドン屈指の高級住宅街の、裕福で幸福な家庭に育った。ところが一五歳になって、ロンドンのひどく貧しい小さな家でみすぼらしく暮らさねばならなくなった。一四歳で母親を失い、その翌年、父親の事業が失敗したのである。

だが、少年には特別な才能があった。飛びぬけた数学の才能があったのだ。しかも彼は極度の近視で、それを改善する目的で文字を紙に書くことを禁じられていたため、頭の中で数式をイメージとして自在に取り扱うことができるようになっていた。この少年、ロナルド・フィッシャーは、その才能を認められ、奨学金を得て一九〇九年、ケンブリッジ大学に進学する。

大学で数学を学ぶ一方でフィッシャーは、「大英帝国のため、さらに人類のために役立ちたい」という強い願望と使命感を抱くようになる。その結果が、人間の生物学的な〝改良〟を目指そうという優生学の思想への傾倒だった。フィッシャーは、「優れた人間を選抜して交配し、より優れた人類へ進化させる」という思想の虜になる。人類の進化は自然選択の結果と考えたフィッシャーにとって、それは人類の幸福な未来のために必要なことだった。そこで彼は、自然選択による進化の研究に貢献することを決意する。そのための彼の武器は数学だった。

大学を卒業したフィッシャーは、会社員や高校教師として生計を立てながら、夢の実現に向けて研究に没頭していった。

人間の性質の進化を考えるうえで避けて通れないのが、身長や知能といった連続的な性質だ。そのような変異をどう取り扱えばいいのか？　メンデル遺伝で説明できるのは不連続な性質だ。たとえば丸い―皺だらけ、赤―白といった具合に。このような不連続な粒子のような性質の振る舞いを決めるルールで、どうやって大きさのような連続的に変わる性質を矛盾なく説明できるだろうか。この問題は、連続的な性質の遺伝を想定するダーウィンの自然選択説と、メンデル以来の遺伝学との間に横たわる最大の障壁でもあった。

そこでフィッシャーはまず、連続的な性質の変異を扱うための画期的な統計学の手法、分散分析を考案する。そしてそれを利用しつつ、一九一八年、連続的な性質の遺伝が、メンデルの法則と矛盾しないことを鮮やかに実証してみせた。

彼が想定した遺伝子は、メンデルの法則に従うものの、その一つひとつは個体の性質に与える効果が小さい、というものだった。そんな対立遺伝子が占める遺伝子座がたくさんあって、それらがたとえば身長のような、ある一つの性質を独立に決めるとき、その性質が示す変異は一定の確率的な分布に従う連続的なものになるのだ。このモデルによって、集団の中で量的形質が示す遺伝的変異の大きさは、分散(遺伝分散)という統計学的な量として表現できるようになった。

こうして自然選択説にとっての最大の障害を取り除くことに成功したフィッシャーは、ロザムステッド農事試験場に職を得た。そしてここで、ダーウィンの着想を次々と数学的に定式化していったのである。

新しく生まれ変わった自然選択の理論では、突然変異によって集団に供給された異なる遺伝子(遺伝的変異)のうち、繁殖や生存に有利な性質に関係した遺伝子が、世代を経るとともにその比率を増やしてゆく。そのような有利な性質をもつ個体は、繁殖できる年齢まで生き残って、自分と同じ性質と遺伝子をもつ子供を、より多く残す可能性が高いからだ。このように、ある個体が産んだ子供のうち、繁殖できる年齢まで生き残った子の数を「適応度」と呼ぶ。集団の中で、適応度の高い変異が選択され、遺伝することによって、集団を構成する個体の性質が変化していくのである。

ではもし、自然選択がはたらかなかったら、集団の性質はどうなるのだろう。異なる変異の間で適応度に差がない――自然選択に対して有利でも不利でもない中立な場合だ。フィッシャーは一九二二年に発表した論文の中で、「もし突然変異がなく、自然選択もはたらかなければ、集団の遺伝的変異は、世代の経過とともに一定の確率で失われる」という結果を導いた。ただしフィッシャーは、現実にはこの減少率はほぼゼロになると考えた。なぜなら彼が想定していた集団は、何億もの個体が自由に交配するような巨大なもので、そのような集団では、このようなランダムなプロセスの影響は無視できる、というのが彼の導いた結論だったからだ。

適応主義

フィッシャーにとって、自然選択の理論は「法則」だった。生物学における「ニュートンの運動法則」と呼ぶべきものだった。法則は普遍的であるとともに、シンプルでなければならなかった。

画期的な理論を次々と発表する一方で、フィッシャーには一つの弱みがあった。自然界の生物について、あまりよくわかっていなかったのだ。この弱点を補い、その後のフィッシャーを支えたのが、遺伝学者エドムンド・フォードだった。

一九二三年、フィッシャーは、当時の指導的な進化学者であったジュリアン・ハクスレーに会うため、オックスフォード大学を訪れる。ハクスレーは、当時まだ大学生だったフォードを、フィッシャーに引き合わせた。幼少期以来、熱烈な蝶類の収集家でもあったフォードは、蝶や蛾を中心に、自然とそこに住む生物に対して並外れた知識をもっていた。

フォードは研究対象として、〝多型〟に注目していた。対立遺伝子の違いで決まる多型——同じ集団内にみられる、色や形の違いではっきり区別できるような遺伝的変異——は、自然選択説がそれほど幅広い支持を受けていたわけではないこの時代には、自然選択の影響を受けない〝些細な変異〟だと考える場合が多かった。そして当時、その考えの重要な根拠となっていたのが、ギュリックのハワイマイマイ類、そしてクランプトンのポリネシアマイマイ類の研究だったのだ。だが、もしそんな変異が、実は自然選択の効果を受けているのだということを示せれば、自然選択の重要性を裏づけることができるだろう、とフォードは考えたのだ。

フィッシャーとフォードは、「あらゆる性質に自然選択がかかっている」という点で意見が一致し、それを示すために共闘を開始する。フィッシャーが理論で、フォードが実験と野外での研究で、それぞれの得意技を武器に、協力して自然選択説を実証しようというわけだ。彼らはこの時代の適応主義の中核となっていく。

一九三〇年、フィッシャーはそれまでの理論を体系化した記念碑的な著書『自然選択の遺伝学的理論』を出版し、ダーウィンの自然選択説とメンデル遺伝に基づく突然変異説の融合を成し遂げたことを宣言する。そしてその第二章で、彼は自然選択の〝基本定理〟を提唱する。「生物のある時刻における適応度の増加率は、その時刻における適応度の遺伝分散に等しい」──こう表現された法則は、フィッシャーの理論の核心をなすものだった。彼はそれを熱力学第二法則になぞらえ、生物学で最も高い地位に置かれるべき法則、と考えた。

続く章で、彼はいくつかの現実の生物を例として、自然選択の理論の威力を示した。たとえば、有毒な昆虫の色や形に擬態して身を守る昆虫の進化が、自然選択によって少しずつ進む過程を精緻なロジックで説明した。また、オスの鳥がもつ異常に長い尾羽のように生存に不利に見える奇妙な性質の進化が、異性の獲得をめぐる競争によって起きることを、怜悧かつエレガントに説いてみせた。

フィッシャーが想定するような、非常に大きく(個体数が多く)一様な集団では、自然選択によって急速に生物の適応が進む。そして異なる遺伝的変異の間で適応度にほんのわずかの差があるだけで、何世代も後には大きな性質の変化が起きる。この自然選択を中枢に据えた進化理論の成立により、進化の総合説がその姿を現し始めたのであった。

ちなみに、総合説の幕開けを飾るフィッシャーのこの名著は、その後半が優生学からみた人間社会の分析にあてられていた。実はこの著書は、「遺伝子に欠陥のある人間を探し出して排除すべし」「悪い遺伝子が増えないように、上流階級とそれ以外の階級のあらゆる交流を禁止する身分制度をつくれ」と政府に圧力をかけていたイギリス優生学協会会長に、フィッシャーから感謝と親愛の意を込めて捧げられたものであった。

人間の進化的改良。その基盤となる理論の構築は、フィッシャーにとって「健全な未来」の実現に向けた重要なステップだったのかもしれない。一九三三年、フィッシャーはロンドン大学に移ると、そこに優生学講座を開設し、夢の実現に大きく近づいた。

だが、そんな彼の前にひとりの人物が現れる。そしてその人物は、彼の美しい理論に対する強力なライバルとして立ちはだかるのである。

ライト

その少年は、アメリカ・イリノイ州の片田舎にある大学教員の家庭に育った。内気で無口なこの少年は、昆虫採集とバードウォッチング、それにフットボールに情熱を傾け、そこそこの成績で高校を卒業後、一九〇六年に地元の小さな大学に入学した。

この少年、シーウェル・ライトは、大学の上級クラスに進学したところで、母親から一冊の本を渡された。『現在のダーウィニズム』というタイトルの、一般向けに進化説を紹介した本だった。

ライトはその本で、ハワイのカタツムリの話を知る。ギュリックのハワイマイマイ類の研究が、詳しく解説されていたのだ。谷ごとに細かく隔離された小さなたくさんの集団において、ランダムな変化が起こった結果、場所によってさまざまに色や形が異なるカタツムリが見られるようになった――このギュリックの結論は、ライトに強烈な印象を残した。ライトは「種がもつ性質には何の役にも立たないものが多数ある」という文章の下に、丁寧にアンダーラインを引いた。

引っ込み思案で、自分が将来何を目指すべきなのかも決められずにいたライトに、ひとりの教員が、コールドスプリングハーバー研究所が主催するサマースクールに参加するよう勧めた。そこでは、アメリカ各地から参加した学生に対して、研究所の設立者でもあるダベンポートをはじめ、第一線の研究者が、形態学、遺伝学、育種などの指導を行っていた。ライトは、夏になると研究所のサマースクールに参加し、そこで最先端の研究に触れ、実験生物学への知識と関心を深めていった。

サマースクールにはさまざまな大学から学生が参加していた。コロンビア大学のモーガンの研究室からもひとり学生が来ていた。彼はいつも研究所の構内やその周りでショウジョウバエの採集ばかりしていたが、引っ込み思案なライトとなぜか気が合った。最先端をゆく研究室の学生との交流も、ライトにとっては大きな刺激だった。かくしてライトは大学院に進み、実験生物学を学ぶことを心に決めた。

ライトはイリノイ大学に進学して修士を取得したのち、ハーバード大学に移り、そこでモルモットの毛色の遺伝について研究を行った。相変わらず内気で無口なライトだったが、一流の生物学者たちとの交流や協力を通して多くを学び、研究者として頭角をあらわすようになった。

一九一五年、ライトは農務省に職を得てワシントンに移った。仕事は、主にモルモットの品種改良と遺伝の研究だった。モルモットの毛色の違いには、何段階もの生化学的な反応が関わっているため、単純なメンデルの法則ではその遺伝が説明できないことが多かった。ある遺伝子の毛色に及ぼす効果が他の遺伝子によって抑制されたり、強められたり、別のものに変更されたりするのである。

ライトはモルモットの品種改良に携わっているうちに、たくさんの個体を自由に交配させている「大きな」集団では、人による選択、つまり人為選択をかけても――たとえば耳の長い個体を選び出して交配し、生まれた子の中から、耳のより長い個体を選んで交配するという操作を繰り返しても——、変化が数世代ですぐに頭打ちになり、新しい性質をうまく進化させられないことに気がついた。彼はそれを、異なる遺伝子間の相互作用のためだ、と考えた。大きな集団では、ある遺伝子が関わる形質の変異やその変化が、別の遺伝子の効果によって抑えられているのではないか、というわけだ。たとえばヘテロ接合(遺伝子座が異なる二つの対立遺伝子で占められる状態)の遺伝子座で、一方の対立遺伝子(優性遺伝子)が他方の対立遺伝子(劣性遺伝子)の発現を抑えている場合、劣性遺伝子の性質は姿、形には現れない。

ところが一方、兄弟姉妹でランダムに交配を繰り返して作られた少数のモルモットからなる純系の血統の集団では、色の違いや指の本数の違いなど、もとの大きな集団にはみられない、さまざまな特徴が現れていた。ライトは、このような集団では、近親交配のため遺伝的な変異が減り、複雑な遺伝子間の相互作用から解放されて、各遺伝子の効果がそのまま出現すると考えた。たとえば、劣性遺伝子がホモ接合(遺伝子座が同じ二つの対立遺伝子で占められる状態)になりやすく、その性質が姿、形に発現する。

こんなふうに劣性形質の特徴が現れていれば、効果的に人為選択をかけることができる。選択をかける前に、まずランダムに近親交配が起こる必要があるわけだ。だが、問題が一つある。近親交配の進んだ血統は、たいてい体が弱く、うまく育たないのである。この問題は、別の血統からそれぞれ目的の性質をもつ個体を選抜したのち、それらを掛け合わせることで解消できた。これがライトの考案した、モルモットの品種改良の極意であった。

野生下の生物集団も、飼育場で維持されていたモルモットの血統集団のように、たくさんの小集団で構成されているはず――そう考えたライトは、新しい適応進化理論の着想を得る。その着想が形になるのは、一九二六年にシカゴ大学に移って以降のことだった。ライトが想定したのは、地理的に互いにある程度隔離された、たくさんの小集団で構成された生物集団だった。このライトの想定を裏づけていたのが、ギュリックのハワイマイマイ類とクランプトンのポリネシアマイマイ類の地理的分布である。

ライトのモデルでは、このような小集団、すなわち個体数の少ない集団では、繁殖にたまたま参加できない個体がいることや、次世代に受け渡される対立遺伝子にランダムな偏りがあることによって、集団の遺伝的変異の構成は大きく変化する。世代の経過とともに集団から遺伝的変異が急速に失われ、ちょうどライトがモルモットの血統集団で見たような近親交配が進む。そして集団ごとにランダムに異なる対立遺伝子が各集団を占めるような状態が進化する。集団ごとに異なる性質が、ランダムに進化するのである。

このライトの考えは、同じようにランダムな変化を想定しつつも、その効果を「進化の要因としては取るに足らぬもの」とみなしたフィッシャーの考えとは対照的だった。この遺伝的変異が偶然広まったり減少したりするランダムな進化のプロセスは「遺伝的浮動」と呼ばれる。ライトの遺伝的浮動のモデルは、メンデル遺伝学と、ギュリックが着想した性質のランダムな変化による進化のアイデアを結びつけたものであった。ギュリックがハワイのカタツムリから導いたこのアイデアを、ライトは遺伝的浮動の理論によって確立したのである。

なお遺伝的浮動は、それを数学的に定式化したライトの名をとって「ライト効果」とも呼ばれている。だがライト自身は、理論の先駆者の名にちなみ、それを「ギュリック効果」と呼んでいた。

平衡推移理論

ライトにとって、遺伝的浮動を定式化することは、もう一つの目標――新しい適応進化理論の確立――にも必要なことだった。適応の進み方について、ライトはこう考えていた。

大きく均一な集団では、自然選択による進化は効率的に進まない。そして適応は頭打ちになるはずだ。一方、互いに少し隔離された、たくさんの小集団がある場合はどうだろう。この場合は、遺伝的浮動の効果が強くはたらく。遺伝的浮動によって血縁の近い個体間の交配(近親交配)が進むと、劣性の有害な遺伝子が発現して生存率が下がる近交弱勢が生じ、小集団の平均的な適応度は下がってしまう。しかし一方で形質の変化を抑える遺伝子がなくなるので、それまで隠れていた変異が現れ、それに自然選択がはたらく。そこで有利な性質をもつ個体が選ばれる。次にそれが他の小集団に移住し交配する。また、他の小集団から移住してきた個体とも交配する。この遺伝的に異なる小集団の個体との交配によって、近交弱勢から回復するとともに、自然選択により獲得された有利な性質が集団全体に広がり、より高いレベルの適応が達成されるのである。

このライトの考えは、たとえば引越しの際に、机のような大きくて角張った荷物をどう運ぶか考えるとわかりやすい。狭い廊下で壁に荷物が引っかかって前に進めなくなったときは、そのまま前に押し続けるだけでは荷物は動いてくれない。そんなときは、一度荷物を後ろに引き戻して、左右ランダムに動かしてみる。それから前に進めると、今度は壁に引っかかることなくスムーズに荷物を運ぶことができるだろう。

ライトはこの進化を山登りに喩えた。山登りには地図が必要だ。自分が今どの場所にいるかは、地図上の位置で示される。ライトは、ある遺伝子座をどんな対立遺伝子がどんな組み合わせで占めているか、つまり個体がどんな遺伝子型をもっているかを、地図上の位置とみなした。地図の範囲は、存在しうるあらゆる対立遺伝子の組み合わせによる、あらゆる遺伝子型だ。そして、ある遺伝子型をもつ個体の適応度を標高で表す。仮に個体の性質が二つの遺伝子座で決まるとすると、各遺伝子座における遺伝子型は、それぞれ緯度と経度で表すことができる。遺伝子型は連続する数値ではないから、それを緯度と経度で表すのは違和感があるが、そこは目をつぶろう。仮に数値に置き換えられると想像しよう。

　すると遺伝子型と適応度の関係は、緯度と経度で表される地図上の位置と、その位置の標高との関係となり、その全体はいくつもの山や谷で刻まれた地形図で表現されることになる。ライトはこれを「適応地形」と呼んだ。集団を構成する個体の遺伝子型、すなわち地形図上での位置は、自然選択によって世代の経過とともに適応度のより高い位置、つまり山の斜面上を標高の高いほうに移動する。そして山の頂に登り詰めるとそこで停止する。

　いったん一つの山の頂に達してしまうと、他にもっと高い山があっても、そのままではそちらの山に移ることはできない。別のもっと高い山に登るには、一度山を下り、谷を越えなければならないのだ。その役目をするのが遺伝的浮動だ。自然選択だけでは、一番高い山に登ることはできない、より高い山に登るには、遺伝的浮動の効果によって、今いる山の頂からいったん谷まで下りる必要があるというわけだ。

　ライトは適応地形を使って、個体がもつ遺伝子型だけでなく、集団がもつ遺伝的構成の変化も説明した。この場合は、集団における対立遺伝子の頻度が、地図上の位置で表され、その集団に属する個体の適応度の平均値が、標高で表される。

遺伝子座の数が二つなら、このように適応地形は三次元空間の絵としてわかりやすく描くことができる。だが実際には、互いに関わりあう遺伝子座の数は無数にあるから、その地形は一〇〇次元、一〇〇〇次元といった、イメージするのが難しい空間に描かれているはずである。

この理論――平衡推移理論は、フィッシャーの進化理論とは著しく対照をなすものだ。フィッシャーは、適応が進むには自然選択だけで十分と考えたのに対し、ライトは、それでは不十分と考えた。フィッシャーは、適応は大きく均一な集団で最も速く進むと考えたのに対し、ライトは、たくさんの小さな集団に分割された状態で最も速く進むと考えた。

多くの点で、フィッシャーとライトは対照的だった。フィッシャーは、理念に導かれて理論を構築したのに対し、ライトは、実際の生物の観察事実から理論を導いた。フィッシャーはシンプルであることを最善と考え、ライトはシンプルなものでは不十分と考えた。

さらにもう一つ付け加えるなら、ライトはフィッシャーと異なり、優生学には一切関心を示さなかった。優生思想が拡大した時代背景もあって、勝手に優生学協会員にされた時期さえあったにもかかわらずである。学生時代、コールドスプリングハーバー研究所で受けたダベンポートの優生学の講義は、彼にとってはただ退屈なばかりだった。

疑　問

フィッシャーの一九一八年の論文を読んで強い感銘を受けたライトは、その後も矢継ぎ早に発表される彼の論文に、興奮を抑えきれなかった。どれも刺激に満ちていた。フィッシャーが操る数学は、ライトがそれまで一度も見たことのないタイプのものだった。見慣れぬテクニックを駆使した式の解法を追うのは骨が折れたが、得るものも多かった。

だが、一九二二年の論文を読むうちに、ある疑問が浮かんだ。「フィッシャーは計算を誤り、遺伝的浮動の効果を小さく見積もりすぎているのではないか」。ライトが独自のやり方で求めた結果と、フィッシャーの結果が違っていたのだ。その六年後、優性・劣性の進化を自然選択で説明するフィッシャーの論文が発表されると、ライトの疑問はさらに深まった。モルモットのデータから見て、フィッシャーの説明には根本的に同意できなかったのだ。ところがフィッシャーは、その説明の妥当性を支持する証拠として、ライトのモルモットの研究を引用していた。ライトはたまらずコメントを発表し、自分の計算結果を示して、フィッシャーの結論に疑問を投げかけた。

当初、フィッシャーにはライトの意図がわからぬようだった。しかし、引き続き掲載されたライトのコメントを読んで、ライトの批判の真意を理解した。フィッシャーはすぐに反論のコメントを発表し、その中でライトの計算が誤りであることを指摘した。さらに「ライトは問題を複雑に考えすぎている」と述べた。

実際、ライトの計算は誤りだった。しかし、ライトはその誤りを認めつつも、論文や手紙を通して議論を続けた。そして以前、一九二二年の論文に抱いた疑問をぶつけた。「フィッシャーは計算を誤り、遺伝的浮動の効果を小さく見積もりすぎているのではないか」と指摘したのだ。

さらにライトは、執筆中の論文原稿をフィッシャーに送って意見を求めた。その論文は、ライトが長年かけて独自に構築した理論に基づいて、遺伝的浮動が集団にどのような変異の分布をもたらすかを示した論文だった。

さて、フィッシャーはこのライトの攻勢に、どう対応しただろうか。

いくつかのコメントを載せた手紙を届けたのち、フィッシャーは、最後の返信の手紙をライトに送り届けた。そこには、一九二二年に発表した自分の理論を再検討した結果、自分が導いた答えは誤りであったこと、そしてライトの指摘が正しいことが記されていた。遺伝的浮動の重要性については、依然として否定的であったものの、ライトの指摘のおかげでこれまで見落としていた重要な点に気づくことができた旨、謝意が述べられていた。

好ましい手紙だった。二人の理論家の関係は、実り多く友好的なものへとさらに発展するかに見えた。だが、そこに記された感謝の言葉がもつ意味は、まもなくライトにとって、このうえなく苦々しいものへと転ずることになる。

対　立

この後すぐにフィッシャーは、自分の理論を訂正する論文を発表し、さらにそれを自分の著書にも含めた。

いや、実は修正しただけではなかった。驚いたことにフィッシャーは、遺伝的浮動がもたらす変異の分布について、ライトがフィッシャーに見せた原稿の中で示したものと同じ結果を導いて、それを発表してしまったのだ。しかも実は、ライトは計算を誤っていた。フィッシャーはその誤りを見抜き、自分の論文では、それを修正して発表したのである。

このとき、そのライトの原稿はまだ出版前で、校正中の段階だった。

もっともフィッシャーは、その結果の解釈についてはライトの考えとは大きな隔たりがあり、遺伝的浮動が進化において重要になる条件はごく限られている、と結論づけていた。だが、ライトにとっては大きな痛手に感じられた。

その後まもなくして、ライトはフィッシャー渾身の著書『自然選択の遺伝学的理論』

に対する書評を公表する。

ライトはその書評で、まずフィッシャーの著書がもつ歴史的な意義を述べ、「この本は、まぎれもなく、進化理論に対する最大級の貢献」と持ち上げた。また自らとフィッシャーのこれまでのやり取りを踏まえ、「互いに全く異なる手法で攻めていったにもかかわらず、その数学的な結果は最終的に完全に合致した」と記した。しかしそのすぐ後に、その結果の解釈が互いに全く異なる、と付け加えることを忘れなかった。

結局、その書評の他の多くの部分は、フィッシャーの理論に対する批判で占められた。フィッシャーは遺伝的浮動の効果を過小評価していること、フィッシャーの想定するような大きくて一様な集団では、自然選択による進化は効率的に進まないこと、等々。ライトはフィッシャーの著書に対する書評を、自分の理論である平衡推移理論を主張する場にしてしまったのだ。そしてライトは、フィッシャーが理論の中枢と考えていた「自然選択の基本定理」――〝生物のある時刻における適応度の増加率は、その時刻における適応度の遺伝分散に等しい〟――に対して痛烈な批判を加えた。

「(この定理は)遺伝子間の相互作用がない場合にしか成り立たない。実際にはさまざまな遺伝子間の相互作用があって、それらが(集団の平均)適応度に強く影響しているからだ」「環境の変化がない限り、いずれ(集団の平均)適応度の増加は止まる」

フィッシャーにしてみれば、基本定理に対するこのライトの批判は、とんだ言いがかりに感じられたことだろう。フィッシャーの定理は、ライトが指摘したような、集団の適応度についてのものではなかったのである。だからフィッシャーにとってこのライトの批判は、このうえなく腹立たしいものであったに違いない。

かくして二人の間で、対立の溝が深まっていった。

＊

一九三二年、ライトは平衡推移理論を発表する。理論の仮定を裏づけるものとしてライトが引用したのが、ハワイマイマイとポリネシアマイマイの研究だった。進化の説明は、自然選択による適応だけで十分なのか、それとも遺伝的浮動によるランダムな非適応的変化も重要なのか。これを機に、フィッシャーとライトの対立は決定的なものとなった。それはくしくも、クランプトンが南太平洋の長い探索の旅路を終え、ポリネシアマイマイ類について最後の総説を発表したのと、同じ年のことであった。

3 大蝸牛論争

ゆるやかに起伏をなす丘では、牧草地と麦畑の絨毯がモザイク模様を描き、その切れ目にはヨーロッパブナが陰鬱な森をつくっていた。ゆるやかにカーブする道は、人気のない草原と林を抜けて彼方まで伸び、その傍らには緑の生垣で囲まれたレンガ造りの民家が、点々と三角屋根を覗かせていた。

そこはイギリス南部、今なお不思議な伝説が残り、魔物や妖精の気配が息づく土地である。矮性の草木が繁茂したチョークの丘には、ホワイトホースと呼ばれる神秘的な白い馬の地上絵が描かれ、およそ二〇キロ南には、魔術師の所業と信じられてきた巨大な石の円陣、ストーンヘンジが、広大な草原の中に奇怪な姿を晒している。

アーサー・ケインとフィリップ・シェパードが、進化の謎解きを目論んで、この地で仕事を始めたのは一九四九年のことであった。彼らを惹きつけたのは、魔物でも妖精でもなかった。彼らの目当ては、妖精のように愛らしく美しいカタツムリだった。牧草地の縁の茂みや林の中には、二センチほどのブドウの実のようなモリマイマイ(図3)がた

図3　モリマイマイの交尾．イギリス，マールボロ・ダウンズにて，林守人氏の厚意による

くさん住み、その殻は、黄色のもの、ピンク色のもの、あるいはオレンジ色、褐色とさまざまで、どれも絵具で塗ったように艶やかだ。多くの個体はその上に、マジックインキでさっと描いたような黒い帯を巡らしていた。

二人は草地や林を巡ってカタツムリを探した。うかつに手を触れると激しい痛みを起こすイラクサの茂みに悩まされながら、草に付いているモリマイマイをつまみあげると、次々と布袋に放り込んでいった。

ドブジャンスキー

時間はそれから一五年ほど遡る。ライトが発表した、遺伝的浮動の効果を重視する一連の進化理論が、大きな注目を集めていた。ランダムで非適応的な進化、そして変異が自然選択に関して中立であることを想定する理論だ。

変異の間で自然選択の効果に差がない――中立であることと、生存のための機能がないことは、同じではない。機能のない形質や遺伝子に生じる変異は、自然選択がかからないので中立だ。だが何か機能があっても、変異の間で果たす機能が全く同じで差がなければ、やはり互いに中立だ。

たとえばこの時代には、カタツムリの模様に機能はない、模様は何の役にも立っていない、と考えることが多かった。だが仮に模様に機能があっても、違う模様が果たす機能の間に全く差がなければ、それらはやはり中立だ。さらに実は、それらの機能の間に少し差がある場合でさえ、中立になる場合がある。その差があまりにも小さすぎて、それにかかる自然選択の効果を、ランダムな変化、すなわち遺伝的浮動の効果が上回ってしまう場合だ。ライトは、「カタツムリのように細分化された集団からなる生物では、遺伝的浮動の効果が自然選択の効果を圧倒しうる」ということをはっきり示した。このライトのメッセージは、当時の多くの研究者に無理なく受け入れられるものだった。

特に分類学者はそれを歓迎した。その当時、分類学者の多くは、「種の違いを示す性質の大半は非適応的なものだ」と信じていたからだ。そして、ギュリックとクランプトンが行った、ハワイマイマイ類とポリネシアマイマイ類の研究と、それらが示す変異の非適応的かつランダムな進化の話が、広く知られていたことも大きかった。彼らの成果をライトも、自分のモデルの妥当さを担保するものとして利用した。自然界に、ランダムな進化のアイデアを支持する実例があるのは大きな強みだった。

平衡推移理論――ライトが山と谷のメタファーを使って描いた進化の理論に、まるで恋に落ちるかのように魅せられてしまった遺伝学者がいた。テオドシウス・ドブジャンスキーである。ロシア生まれで、幼少期以来、熱烈な蝶類の収集家でもあったドブジャンスキーは、テントウムシの自然史研究に情熱を傾けたのちアメリカに渡り、モーガンの研究室でショウジョウバエを使った遺伝学の研究に取り組んでいた。

アメリカに渡る直前、世界に轟くその名声から、モーガンの研究室は豪華な設備に恵まれた天国のような研究室に違いない、と想像していたドブジャンスキーだったが、到着してみると実はそこが恐ろしく狭く、満足な設備もなく、不便で、汚くて、レニングラード大学のどの研究室よりもひどい所であることがわかって、肝をつぶした。しかし彼をもっと驚かせたのは、そこがありえないほど開放的で、熱気と興奮と知的な刺激に満ちた交流の場であることだった。一騎当千の強者ぞろいの研究室で、ドブジャンスキーは染色体構造についての研究に没頭し、いくつもの成果をあげて頭角を現しつつあった。

彼を実質的に指導していたのは、染色体地図作成のパイオニア、アルフレッド・スターティヴァントだった。進化に強い関心を抱いていたドブジャンスキーは、ウスグロショウジョウバエの野生集団に、姿かたちは同じだが、染色体に逆位が生じて構造が異なる多型があることに注目していた。この染色体のタイプが異なるもの同士を交配させて生まれたオスは、繁殖力がない。それゆえこの多型は、種分化の仕組みを知るうえでも格好の材料だった。そこでドブジャンスキーは、この野生集団を使った研究をスターティヴァントとともに始めようと考えた。それは、一九世紀末以降、遠く隔てられていた実験生物学とフィールド生物学の再会と融合をめざす試みでもあった。

ちょうどその準備を始めた矢先、ドブジャンスキーは参加した学会でライトの講演を聞き、たちまちその虜になってしまったのだった。ウスグロショウジョウバエにみられる染色体多型は、遺伝的浮動による進化や平衡推移理論の威力を実証するうえで、最適な材料であるように思われた。

そんなドブジャンスキーを、スターティヴァントはライトに引き合わせた。奇遇なことだが、ライトが学生時代に参加したコールドスプリングハーバー研究所のサマースクールで、ライトが打ち解けることのできた数少ない友人のひとりで、ショウジョウバエの採集ばかりしていたモーガンの学生とは、実はスターティヴァントだったのである。ドブジャンスキーはまもなく、ライトの理論の伝道役として、またその理論を野外調査と実験により実証するために、ライトと共闘を開始することになる。

バトル開始

ライトの理論がもてはやされる状況は、自然選択を実質的に唯一の進化のプロセスと考えるフィッシャーにとって、忌々しき事態だった。フィッシャーは、ライトの理論を打ち負かすためには、自分のモデルの正当性を証明してくれる現実の生物が必要だと考えた。ちょうどそこに現れたのが、イギリスの最も身近なカタツムリであるモリマイマイと、それを研究しているアマチュアのナチュラリスト、シリル・ダイバーだった。

そこでフィッシャーは、ダイバーを適応主義の陣営に引き込むと、さっそく交配実験を行って、モリマイマイの黄色、ピンク色、褐色などといった地色の違い、黒い帯の有無などの遺伝様式の解明に取り組んだ。あとはダイバーが、これらの特徴の組み合わせで区別される多型と住み場所の環境との間に、適応的な関係を見つけてくれるだろう。カタツムリの変異で自然選択の効果が検出できれば、現実の証拠の多くをカタツムリに依存するライトは根拠を失うだろう。フィッシャーの企みはうまく行くはずだった。

ところが、思わぬことが起こった。ダイバーが予想外の行動に出たのだ。それは、フィッシャーにとっては大きな痛手だった。

ダイバーの変節の兆候は、一九三六年に英国王立協会が開催したセミナーに、フィッシャーとともに参加し、講演したときに現れた。ダイバーは講演の中で、「新しい種の進化には、いろいろなプロセスが関わっているはずだ」と発言したのだ。モリマイマイの模様が示す地理的変異が、彼にはどうしても適応の結果には見えず、それが自然選択だけで説明できるとは思えなくなってきていたのである。ほどなくしてダイバーは、モリマイマイの進化はライトが示したプロセス、すなわち、隔離されたたくさんの小集団の中で、遺伝的変異がランダムに変化することによって生じた、と結論づける論文を発表してしまった。

ドブジャンスキーは、待ってましたとばかりに自身の著書にダイバーの研究成果を取り上げ、「モリマイマイでは、ランダムな進化、非適応的な進化が支配的であり、それが集団の分化を引き起こしている」と紹介した。一九三七年に初版、一九四一年に第二版が出版されたこの著書は後に、総合説を代表する著作の一つ、とされるほど評判になった。著書の中でドブジャンスキーは、モリマイマイの他、ハワイマイマイやポリネシアマイマイ、昆虫、魚、植物などの色や形にみられる多型の例、それに自身のショウジョウバエの研究で見つかった染色体多型の例をあげ、それらはいずれも互いに適応度に差のない、自然選択に関して中立的な変異であり、それらが示す遺伝的な分化や地理的変異は遺伝的浮動によって進化する、と結論した。

この著書の中で、ドブジャンスキーはライトの平衡推移理論を取り上げ、詳しくわかりやすい解説を加えた。そしてここでも、遺伝的浮動が果たす役割の重要さを強調した。その結果、この著書を通して、「変異の多くは非適応的なものか、あるいは自然選択に関して中立であり、進化においては遺伝的浮動こそが無視できない重要なはたらきをする」という認識が広まっていった。

ジュリアン・ハクスレーやエルンスト・マイアといった総合説を代表する論客も、それぞれ一九四二年に出版した自らの著書で、「ライトが提唱する進化のプロセス」として、遺伝的浮動の重要性を述べた。そして中立的な変異の実例として、モリマイマイの多型を取り上げた。マイアは、「遺伝的多型として観察される形質には、少なくとも生存率に関して完全に中立なものがある。たとえばカタツムリの模様の違い――色帯の有無に、はっきりとした適応的な差を想定する必要はない」と記している。

ライトは追い打ちをかけるように、フィッシャーに痛撃を与える論文を発表した。フィッシャーが想定するような個体数が多くて均一に分布する大集団でも、遺伝的浮動により集団が遺伝的に分化していくことを、理論的に、また野外の植物集団を使って実証的にも示したのだ。これは適応主義陣営に、大きなダメージを与えるものだった。

フィッシャーにとって、事態は悪化の一途をたどっていた。

そのフィッシャーを支えたのが、盟友フォードだった。災いのもとはすべてライトだ、これ以上の厄災を防ぐには、元を絶たなければならない、そう考えた彼らは秘策を練った。

フィッシャーとフォードは、遺伝的浮動が及ぼす効果の一般性を、どうすれば葬り去ることができるか、そのための戦略を考えた。そしてライトを攻略するためのターゲットを、「自然選択に関して中立的だと思われている多型」の一点に絞った。彼らが立てた作戦は、隔離された小集団からなるような生物にみられる多型、つまり、野外で最も遺伝的浮動が威力を発揮すると信じられている系で、実は自然選択がはたらいていることを実証することだった。これはまさに、ライトがしかけた攻撃に対するカウンターだった。

そのためにまずフォードが選んだ材料は、青光りする前翅(ぜんし)の下に炎のように赤い後翅(こうし)を重ねる美しい昼行性の蛾、シタベニヒトリだった。この蛾は、遺伝子型ごとに異なる色彩多型があるばかりでなく、移動性に乏しく、ごく小さな集団であると考えられた。彼らの思惑通りの材料だった。その多型の頻度の時間的な変動が、遺伝的浮動ではなく、自然選択によって生じていることを示す、これが彼らの目論みだった。

フォードは、イギリス中から選りすぐりの才能ある学生たちを、オックスフォードの彼の研究室に集めていた。彼らは、遺伝的浮動の効果を抹殺するための強力な刺客だった。やがてフォードが育てた精鋭たちは、フォードとフィッシャーの意を受けて、不利だった戦況を巻き返すべく、反撃を開始する。

反撃

陸軍少尉として、対空レーダーで敵機を捕捉し迎撃する任務に就いていたアーサー・ケインは、一九四五年、第二次世界大戦の終結とともに、博士号を得るためオックスフォード大学に戻ってきた。ようやく念願の研究生活に戻り、講師の職に就いて組織化学の研究に取り組んでいたケインは、たまたまひとりの大学院生の相談役をまかされた。この学生は、開戦とともに航空兵に志願したものの、まもなく搭乗機がドイツ軍に撃墜され、その後三年間ずっと捕虜生活を送っていたという。彼はのちに映画化された、ドイツ第三航空兵捕虜収容所の脱走作戦にも関与し、脱走のためのトンネル掘削に加わった。その後、ロシア解放軍の捕虜となったところで脱走に成功し、オックスフォードに戻ってきたのだった。

この学生、フィリップ・シェパードは、フォードのもとでシタベニヒトリの遺伝的多型の研究を始めた。シェパードは、自分とフォードがいかにして野外で進化や自然選択の問題に取り組んでいるかをケインに話してきかせた。元来ナチュラリストで、幼いころからあらゆる動植物に親しんできたケインにとって、シェパードとの会話は、好奇心を掻き立てられずにはいられないものだった。

シェパードとの交流は、ケインの進路に決定的な影響を与えた。一九四八年に学位を取得すると、ケインは生物進化の研究に転じることにした。

そしてある日のこと、シェパードがケインの部屋にやってきて、研究材料のシタベニヒトリに変異が少なすぎる、と愚痴を言いだした。ケインは机の上に、モリマイマイの殻をばらばらと撒いて見せた。

「こんなにはっきり違う多型が、互いに中立だなんて、信じられるかい？」

その場ですぐに二人は、モリマイマイの多型を研究することを決意した。

まもなく彼らは、イギリス南部、シェパードの故郷であるマールボロからオックスフォードにかけての地域で、モリマイマイの殻の模様と色の変異を調べ始めた。全部で二五の地点を選び、そこで見つけたモリマイマイをすべて採集した。その貝殻を地色の違いから、黄色、ピンク色、褐色などのタイプに区別し、模様の違いから、帯のないもの、黒い細い帯を一本巡らすもの、黒帯を五本巡らすもの、太さの違う三本の帯を巡らすものなど、多くのタイプに区別した。そしてそのうえで、各タイプの遺伝様式を確認した。地色を決める遺伝子は、ピンク色や褐色が黄色に対し優性で、帯を決める遺伝子は、帯のないタイプがそれ以外のタイプに対し優性である。また、帯のないタイプを発現する遺伝子は、ピンク色、または褐色の地色を発現する遺伝子と連鎖している……。

彼らは、殻の地色と帯の有無が、住み場所の植生と密接に関係していることを見出した。たとえば、草地や生垣のように緑の葉で覆われた場所では、黄色の殻の比率が高く、ブナ林の林床のように、暗くて褐色の落ち葉で埋まった場所では、ピンク色や褐色の殻の比率が高くなっていた。この関係は遠く離れた場所でも共通に認められ、遺伝的浮動では説明できない、はっきりとした規則性を表していた。食べ物では、殻の色が変わることはない。では、自然選択の結果なのか。もしそうなら、いったい何への適応なのだろう?

彼らの仮説は、鳥の捕食に対する適応だった。黄色の殻は、日陰では緑色を帯びて見える。だから黄色は、背景が緑の場所では目立たず、カムフラージュになるのではないか? それから背景が不均質で、明と暗が複雑に入り組んでいるようなところでは、黒い帯は背景の暗の部分に溶け込んで、殻の輪郭が見えなくなるのではないか。

この仮説を検証するために彼らがとった方法は、鳥がどんな色と模様のモリマイマイを捕まえて食べているのか、直接調べることだった。この地方でカタツムリを食べる鳥は、主にウタツグミである。彼らは、ちょっと変わったカタツムリの食べ方をする。カタツムリを見つけると、それをくわえて近場の平らな石の上に叩きつけて殻を割るのである。だから、大きくて平らな石の周りには、ウタツグミが割ったカタツムリの殻がたくさん散らばっている。これを調べることで、ウタツグミが食べたモリマイマイの殻の色と模様が容易にわかるのである。

結果は明らかだった。夏になって草や葉が茂り、カタツムリの住み場所に緑色が増してくると、ウタツグミが食べた殻の中から、黄色の殻が減ってきたのである。緑色の環境では、黄色がカムフラージュになるために、ウタツグミが黄色の殻を見つけにくくなり、黄色の殻が自然選択において有利になるのだ。

一九五〇年以降、ケインとシェパードは、この研究成果を一連の論文として発表した。自然選択の効果を初めて明確に実証した点で、この研究のインパクトは大きかった。ケインは論文に、「ある性質が適応的ではない、と主張する人々は、単に何に適応しているかわからないからそう言っているだけだ」と記した。これはまさに六〇年前、ウォレスがギュリックに対して加えた批判そのものであった。

ケインとシェパードは、一九五〇年の論文の最後をこう結んだ。

「モリマイマイのほか、ポリネシアマイマイやハワイマイマイの事例は、遺伝的浮動による進化の証拠とされてきた。しかしこれらの研究は、その証拠を本当に示したわけではない。これまで遺伝的浮動の結果と考えられてきたすべての事例は、見直されなければならない」

真逆の結論

それは確かに会心の一撃だった。もし科学が真理を懸けた壮大なゲームであるとしたら、勝負の形勢は一気に決したと見えただろう。彼らにしてみれば、さながらＫＯ勝ちを確信し、ダウンした相手に背を向けて、歓声を上げるファンに向かってリング上で派手にグローブをかかげているボクサーのような気分だったかもしれない。

だが、ゲームはそう簡単には決しなかった。相手を倒したつもりのケインたちは、実は同時に強烈なカウンターを食らっていたのである。

彼らは気づかなかったが、ドーバー海峡を挟んだ向こう側の地で、ほぼ同じ時期に、同じくモリマイマイを使い、彼らと似たやり方で、同じ問題に取り組んでいた人物がいたのである。ところがその人物が導いた結論は、まるで鏡の世界か明暗の反転した世界のように、彼らの結論とは真逆だったのだ。

一九四〇年に侵攻してきたドイツ軍に占領されて以来、フランスでは大学が荒廃し、実験室での研究ができなくなっていた。そこで研究場所を野外に移し、簡単に手に入るモリマイマイを使えば集団遺伝学の研究ができる、と研究を始めたのが、マキシム・ラモットであった。むろんラモットも、ケインとシェパードの研究のことは知らなかった。

ラモットがまずやったことは、ケインたちがやったことと全く同じだった。モリマイマイの殻の地色と模様の違いからタイプを区別し、環境との関係を調べたのだ。そして鳥に食われて割れた死殻の地色と模様を調べ、自然選択の検出を試みた。ラモットが想定した色と帯の遺伝様式も、ケインたちと同じだった。

ラモットは九〇〇もの地点からモリマイマイを採集し、地点ごとに帯のない無地のタイプと帯のあるタイプの比率を調べた。そして彼が導いた結論は、その比率の地点ごとの違いは、遺伝的浮動によりランダムに決まったものであり、鳥の捕食や生息地の環境の影響はほとんどない、というものだった。

彼は自然選択の効果を否定したわけではなかった。彼の結論は、「遺伝的浮動と自然選択を比べたとき、遺伝的浮動の効果のほうがより強く、より重要性が高い」というものだった。

一九五一年、ラモットはこの研究成果を、二三九ページに及ぶフランス語の論文として発表した。

ラモットの研究に気づいたケインとシェパードは、彼の主張に納得せず、すぐに実験方法や結果の解釈などに対して批判を開始した。一方、ラモットも、新しい結果を次々と追加して対抗した。

一つは、モリマイマイと同属の近縁種、ニワノオウシュウマイマイの多型との比較である。この二種は共存していて、鳥はこれらを区別せずに捕まえて食べるので、もし捕食者による自然選択がはたらいているなら、モリマイマイで、ある色彩タイプが多いところでは、ニワノオウシュウマイマイでもやはりその色彩タイプが多いはずだ。つまり、頻度に正の相関がみられるはずなのである。だが、集団の中で殻の帯がない個体の頻度を調べてみると、二種の間でその頻度に、正の相関は認められなかった。だから、鳥の捕食による自然選択はやはり重要ではない——ラモットはあらためてそう結論した。

ラモットは、殻の色と温度の関係にも注目した。カタツムリは、日光を長時間浴びて体が高温になりすぎると死亡する。実験を行ってみると、黄色のタイプは、それ以外のタイプより、極端な高温と低温のいずれに対しても耐性が高いことが判明した。そこで、黄色のタイプが占める比率を、野外の集団で調べてみた。集団の平均値は確かに、直射日光の影響にさらされやすい、より開けた環境に住む集団で、より高くなっていた。一見、これは適応主義の立場を支持する結果に見える。だがそうではなかった。

平均値ではなく、一つひとつの集団を見た場合には、黄色のタイプの比率が低くなっている場合も多かったのだ。これは、自然選択では説明できないパターンだった。ラモットは、このデータをライトの理論にあてはめ、それが遺伝的浮動の効果でうまく説明できることを示した。

「モリマイマイの多型では、自然選択の効果を遺伝的浮動の効果が上回っている」

――これがラモットの結論だった。

一九五九年、ラモットは一〇年に及ぶこの研究の一連の成果を、コールドスプリングハーバー研究所で開催されたシンポジウムで発表した。そこには、ライトもドブジャンスキーも出席していた。ラモットの発表は、彼らの陣営にとって最高の贈り物に思われた。ラモットの講演が終わった後、ライトはこうコメントした。

「ラモット博士の結果は、モリマイマイでは遺伝子頻度の変化に対して、遺伝的浮動が大きな役割を果たしていることを示していると思う」

だが、それに続けてライトが発した言葉は、意外な、醒めたものだった。

「しかし、このような研究からは、進化における遺伝的浮動の重要性はわからない」

ウィリアム・プロビンをはじめとした科学史家らが指摘しているように、実はライト自身が、もうすでにこの時期、遺伝的浮動の進化的な意義を、ほとんど主張しなくなっていたのである。彼にとって重要なのは遺伝的浮動そのものではなく、平衡推移理論のほうになっていたのだ。

残された課題

形勢はすでに変化していた。一九五〇年代以降、シェパードをはじめとしたフォードの学生たちが、シタベニヒトリの研究でも次々と成果をあげ、自然選択の証拠が急速に蓄積していった。当初は、その研究結果を強く批判するコメントを雑誌に発表していたライトも、やがて全く反応を見せなくなった。一九五〇年代の半ばには、フォードの指導のもとで、バーナード・ケトルウェルが、蛾のオオシモフリエダシャクの工業暗化が自然選択によって生じることを示すと、論争の趨勢は決した感があった。

このような時代の空気の中で、もちろんケインたちは、ラモットの遺伝的浮動による説明を認めなかった。調査方法や環境の区別法について問題点を指摘したうえに、「自然選択で説明できない変異の部分は、それに関与する自然選択が何かわかっていないだけだ」という批判を繰り返した。

自信満々のケインだったが、実はこのあと、想定外の展開が待っていた。自分の発見で自分を窮地に追い込んでしまったのだ。

マールボロ・ダウンズでの調査中のことだった。そこのモリマイマイの多型が、これまでの彼らの考えに全くあてはまらない、奇妙な分布を示していることにケインは気づいた。住み場所の植生などとは無関係に、特定の色や模様のタイプが多くを占める集団が、広い地域にわたって一様に続いていたのである。それまでケインたちの研究で見出されていたパターンに従えば、黄色のタイプが多いはずの場所でも、あるいは、褐色が多いはずの場所でも、どこも一様にピンク色のタイプが多い、というような状況だった。

しかもその地域の端から一〇〇～三〇〇メートルほど離れると、同じ環境なのにもかかわらず、別のタイプが多くを占める集団にすっかり移り変わっていた。住み場所の違いに関わりなく、同じタイプの集団が一様に広く分布する一方、ごく短い距離で急に別のタイプの集団に移行する、このエリア・エフェクトと呼ばれる地理的パターンは、鳥の捕食による自然選択では説明できないものだった。

すぐに、「それは遺伝的浮動の結果だ」という主張が現れた。「他から移動してきて定着した少数の個体が増えて、その分布が拡大した結果だ」と主張する者も現れた。さらに、ライトもこの論争に参入した。エリア・エフェクトこそ、平衡推移理論が想定する適応地形図上の複数の適応の峰に、集団が達した状態を示している、というのである。

それでもケインは、この現象の説明にあたって、部分的にさえ、遺伝的浮動を持ち出すことを断固として拒絶した。結局、彼は「地形の違いなどによる微妙な気候の差があって、それに対する適応の結果、この地理的なパターンができたのだろう」と説明した。証拠は特になかったのだが。

実は、ケインたちにはもう一つ、解決できない難題があった。モリマイマイには、ほとんどの集団で色や模様の異なるタイプが共存していたのだが、なぜこのような多型がどの集団にも維持されているのか、うまく説明できなかったのだ。鳥に対するカムフラージュなら、同じ場所の集団は、最終的には最も有利な一つのタイプだけになるはずだった。

もしヘテロ接合のタイプがホモ接合のタイプより自然選択に関して有利なら、このような多型は維持されるはずだが、その証拠も得られなかった。結局、彼らの考えは、「捕食による自然選択と、気候などほかの要因による自然選択のバランスによって、多型が維持されているのだろう」というものだった。一方、ラモットはこれを、「突然変異と遺伝的浮動のバランスの結果である」と考えた。色や模様の多型をめぐる論戦が終盤を迎える中で残された、最後の攻防の舞台だった。

これら一連の課題に挑んでおおむね決着をつけ、この時代の適応主義に最後の仕上げを施したのは、これもフォード門下の精鋭のひとり、ブライアン・C・クラークだった。

負けるが勝ち

第二次世界大戦の勃発とともに、まだ少年だったクラークは、イギリスからカリブ海の島、バハマに疎開した。そこは貝の楽園だった。浜辺には美しい二枚貝がたくさん落ちていて、樹木には細長い弾丸のようなカタツムリが群がっていた。セリオン(オオタワラガイ)と呼ばれる、カリブ海の島々特産のカタツムリだった。貝類に対する彼の愛着はそこで育まれた。だが、まもなく、イギリスに残ってなめし革商を営んでいた父親が、ドイツ軍の爆撃で亡くなり、彼は無一文になった。

しばらくアメリカの友人宅に身を寄せていたが、終戦とともにイギリスに戻り、奨学金を得てパブリック・スクールを卒業した。空軍少尉として三年間軍務に就いた後、クラークはオックスフォード大学に入学した。そしてフォードとケインの指導のもと、モリマイマイの研究に取り組むことになった。

クラークは、ラモットがやったように、モリマイマイとその近縁種、ニワノオウシュウマイマイの多型を比較してみた。黄色の地色をもつタイプに限定して、場所ごとに帯のないタイプ(無地のタイプ)の頻度を二種で比べると、その結果はラモットと同じだった。正の相関は得られなかったのだ。

ただしクラークは、ラモットが見落とした、ある不思議な現象に気づいていた。開けた環境の場所に限定して黄色のタイプを調べてみると、無地のタイプの頻度が、二種間で負の相関を示していたのである。ニワノオウシュウマイマイで無地のタイプが多い場所では、モリマイマイでは同じ無地のタイプが逆に少なくなる、という傾向があるのだ。

いったいこれは、何を意味しているのだろう。

クラークは捕食者が及ぼす自然選択の効果について、ある仮説を思いついていた。そして彼は、このモリマイマイの多型が示すパターンこそ、その仮説が正しいことを実証するものであることに気づいたのである。

クラークの説明は次のようなものだった。開けた環境では、もともとニワノオウシュウマイマイが圧倒的に多い。だからこの種が黄色で無地のタイプを高い比率でもっていると、二種を区別せずに捕食する鳥は、この場所では全体として、黄色で無地のタイプに出くわす機会が多い。鳥は餌を探して見つけると、その経験を学習して、次からはその餌と同じ特徴をもった餌を探そうとする習性がある。そのため、この場所では、餌として黄色で無地のタイプを覚えて、それを探し出そうとする。

開けた場所に住むモリマイマイは、カムフラージュの効果にはほとんど差のない、黄色で無地のタイプと、黄色で帯が一本あるタイプがほとんどだ。だから、鳥に餌として覚えられてしまった無地のタイプが狙われて、減ってしまう。

一方、ニワノオウシュウマイマイではどうか。開けた場所では、他に住むのは五本の帯をもつタイプだ。こちらは、開けた場所ではもともと目立って狙われやすく不利だ。だからこちらの種では、鳥の学習の効果は相殺されてあまり強く表れない。そこで二種の間で、黄色で無地のタイプの頻度に負の相関が表れるというわけだ。

クラークは一九六一年に学位を取得、これら一連の成果を雑誌に発表する。そして、ラモットが遺伝的浮動の結果だとした変異のパターンの多くは、この捕食者の学習を介した自然選択で説明できる、と結論した。

さらにクラークは、こうした自然選択によって、モリマイマイの色や模様の多型がなぜ維持されるかを説明することに成功した。たとえば、褐色のタイプが有利で頻度が増してくると、鳥に見つかりやすくなって不利になる。すると褐色のタイプは減ってしまう。ところが、減ったために今度は鳥に見つかりにくくなり有利になって、その頻度が増してくる。このように、数が少なくなると有利になる自然選択によって、モリマイマイの多型は維持されるのである。彼は、さまざまな動物で、このような〝負けるが勝ち〟――少数者有利の自然選択(負の頻度依存選択)によって多型が維持されていると結論した。

次にクラークが取り組んだのは、エリア・エフェクトの謎解きだった。彼は数学的なモデルをたてて、その不思議なタイルのような変異の地理的パターンが、自然選択の効果だけでできることを示してみせた。

クラークはライトと同じように、遺伝子間の相互作用を想定した。地域ごとに異なる遺伝的性質(優勢になっている型など)は、ライトが想定した適応地形の峰に対応する。ライトとの違いは、適応の谷を通過させる力として、遺伝的浮動の代わりに自然選択を想定した点だった。かくしてクラークは、遺伝的浮動が強くはたらくような集団構造や、創始者集団の存在など仮定しなくても、自然選択だけでエリア・エフェクトは説明できることを示したのである。

適応主義の勝利

モリマイマイの変異が自然選択で進化したものなら、ハワイマイマイやポリネシアマイマイに無限の変異を生み出した仕組みも、実はやはり自然選択だったのだろうか。残念ながら、ハワイマイマイ類はギュリックの死後、ほとんどが絶滅し、地球上から姿を消してしまった。だからその謎に改めて挑むことは、不可能になってしまった。だが幸い、ポリネシアマイマイのほうはまだ健在だった。

一九六二年、クラークは、その後三〇年間にわたり共同研究することになる仲間たちと、南太平洋に向かった。

まもなく彼らは、クランプトンがついになし得なかった、殻の模様の遺伝様式を決定することに成功した。そしてクランプトンが見出すことができなかった、自然選択の証拠を見出したのである。それはやはりモリマイマイの場合と同じく、捕食者である鳥の学習を介した、負の頻度依存選択だった。ポリネシアマイマイの模様が見せる無限の多様性は、鳥の視覚と捕食行動が引き起こす〝負けるが勝ち〟の自然選択が生み出したものだったのである。

かくして成熟期を迎えた総合説は、適応主義を色濃く纏(まと)うことになった。すでに一九五〇年代にはマイアもハクスレーも、「遺伝的浮動は進化に重要ではない」という立場をとり、適応主義者となっていた。ドブジャンスキーでさえ、「進化の最も重要な駆動力は自然選択である」という立場をとるようになった。ハクスレーは、自著の改訂版で次のように記している。「遺伝的浮動による中立な性質の進化は、その提唱者であるライトが想定するほど一般的に起こることではない。これはフィッシャーの指摘する通りである」。

適応主義陣営の完全な勝利だった。フォードは一九六四年に著書『生態遺伝学』を出版し、自らの陣営の勝利を高らかに宣言した。

ライトとフィッシャー、その後

ライトはその後、「遺伝的浮動の役割は、自然選択によって適応が効率的に進むための補助にすぎない」という立場をとり続けた。以後の彼にとって重要なのは、あくまでも平衡推移理論であり、適応進化だった。ではその理論は正しかったのだろうか。

一九八八年、九八歳でライトが没した後も、平衡推移理論の妥当性は、さまざまな研究者によって検討されてきたが、依然としてその答えは得られていない。だがドブジャンスキーがそうであったように、今に至るまで、この理論は多くの進化学者を魅了してきた。たとえば適応地形の概念のように、この理論を構成するいくつかのアイデアは、その後さまざまに形を変えつつ、進化のプロセスの説明に利用され、新しい理論の萌芽を育んだ。

一方、フィッシャーはどうだったのか。彼の理論は疑いなく、現代の進化学のあらゆる分野で、重要な基礎となっている。彼が築いた理論を土台として、後に多彩な進化理論が花開いた。そんな偉大な業績を残し、ナイトの称号も授かったフィッシャーだが、彼の夢は結局のところ実現しなかった。彼が開設したロンドン大学の優生学講座は、第二次世界大戦の勃発とともに閉鎖されてしまい、彼はやむなくロザムステッドの試験場に戻った。大戦中には、長男の戦死と、結婚生活の破綻という悲劇に見舞われ、後にケンブリッジ大学に招かれたものの、望んでいたような遺伝学や優生学の部門をつくることはできなかった。一九五七年に大学を退職したのちはオーストラリアに移住し、フォードが彼らの勝利を祝福する著書を出版する二年前に、この世を去った。

＊

歴史に永遠の勝利者は稀なように、科学の仮説をめぐる論争においても、永遠の勝利はそう頻繁にあるものではない。クラークが解決したように見えたモリマイマイのエリア・エフェクトだったが、実際にはその説明は十分ではなかった。一九八〇年代になると、ケイン門下のロバート・キャメロンが、また別のプロセスを思いついた。エリア・エフェクトは過去に起きた分布の縮小と拡大を反映したものだ、とキャメロンは考えたのである。他にもさまざまに異なるプロセスを想定した仮説が次々と提案され、その謎をめぐる議論は百家争鳴の観を呈することになる。結局最後に、クラーク門下のアンガス・デビソンが、師の考えとは大きく異なる結論を導くのだが、それはずっと後の時代のことである。

さて、では、遺伝的浮動はどうなったのか。

ギュリックから受け継ぎ、ライトの下で育ったこの非適応的な進化、ランダムな性質の進化のアイデアは、適応主義の勝利とともに、葬り去られたようだった。そして進化の表舞台から姿を消したように思われた。

だが、実はそうではなかったのだ。それはライトの下を離れると、不死身の魔物のように姿を変え、やがて別の主に憑依(ひょうい)する。そしてまもなく華々しく復活して、再び進化学に熾烈な論争を巻き起こすことになる。

4 日暮れて道遠し

南からのモンスーンが、東アジアに湿潤な空気を運んでくる季節。田圃(たんぼ)の稲が緑を増し、アジサイの水色が目立つ梅雨のころには、そこに暮らすカタツムリたちが一年で最も活発になる。雨上がりに、苔むした庭石や漆喰の塀に群れをなして這い上がっている小さなカタツムリは、たいていオナジマイマイ(図4)だ。日本のいたるところの畑や庭先、路傍の叢(くさむら)に住みついている種類である。

図4 オナジマイマイ

アーサー・ケインとマキシム・ラモットが、モリマイマイの多型を巡って激しく応酬していたころ、遠く離れた地球の裏側から、果敢にもこのカタツムリ論争に挑んだ二人の日本人がいた。駒井卓と江村重雄である。彼らの手駒が、このオナジマイマイだった。その殻は、帯の有無と地色に多型があり、自然選択と遺伝的浮動の戦いに参入するには絶好の材料だった。

彼らは、緻密な実験と日本全土および台湾の計八六地点、一〇三集団のデータに基づいて、オナジマイマイの多型の地理的パターンを決めている最も重要な要因が何なのかを調べた。そして彼らが得た結論は、それは遺伝的浮動によるランダムな進化の結果である、というものだった。一九五五年に『エボリューション』誌に発表されたこの論文は、手法の緻密さと適応主義に対する明確な反証で、欧米の研究者たちを驚かせた。

太平洋戦争の敗戦からわずか一〇年で、彼らはカタツムリを使い、当時の進化生物学で世界最先端の論争に割って入ったのである。いったいなぜ彼らは、この時代にそれほどの高いレベルに達することができたのだろう。

ある少年

歴史を遡ろう。この時からおよそ一〇〇年前のことだ。

アメリカ・メイン州のポートランドで育った少年は、カタツムリの収集に情熱を燃やしていた。勉強嫌いで学校の成績は悪く、登校拒否と退学を繰り返していたが、貝類への科学的な関心だけは並はずれていた。最後に入学を許された高校からも退学処分になった少年は、小さな会社で製図工として働きながら、カタツムリの収集と研究にのめり込んでいった。そして一八五四年、一八歳のときに、直径二ミリほどのミジンマイマイ科の新種を発見した。

その発見と収集した膨大なカタツムリのコレクションによって、彼の名前は貝類の研究者たちの間で知られるようになった。まもなく彼は、ハーバード大学のルイ・アガシと出会い、その助手として働くようになる。アガシとの出会いは、彼の人生を一変させた。アガシのもとで本格的に生物学を学び、研究者として頭角を現すと、カタツムリをはじめとした貝類の研究成果が認められ、一八七一年にはボードウィン大学に職を得た。

そして一八七七(明治一〇)年、彼は日本にやってきた。東京帝国大学の教授に就任するためである。そう、実はこの貝類学者が、日本の動物学の基礎を築き、また大森貝塚の発見者としても知られる、エドワード・モースなのである。

彼の師、アガシは、ダーウィンの不倶戴天の敵だった。生物進化を徹頭徹尾否定した。その理由は、彼の観察事実と合わないからだった。古生物学者でもあったアガシは、化石記録が示す生物の歴史的な消長のパターンは、進化では説明できないと考えた。もし生物進化が起きるなら、祖先種から子孫種へ、中間的な形をもつ種を経て形の変化が観察されなければならない。しかし当時、そのような例は、化石記録には見つからなかった。時代が変わると、前の時代に繁栄した種がぱったりと消えて、代わりに全く違う形の種が現れた。この化石記録の不連続性は、進化では説明できない、それがアガシの主張だった。

これに対するダーウィンの反論は、化石記録が不完全だから、というものだった。死後の生物が化石となる条件は限られている、だから化石記録はぼろぼろの古文書のようなもので、進化の途中段階の種が化石として残ることはめったにないだろう、というわけだ。「本からではなく自然に学べ」という言葉を残したほど、徹底して観察事実を重んじるアガシにとって、このような解釈は我慢できないものだった。

もう一つ、アガシには理由があった。彼は、長い地質時代の間、全く形の変わらない生物がいることを知っていた。古生代から現在まで、その姿をほとんど変えていないシャミセンガイがその例だ。このような「生きた化石」の存在は、進化を否定する証拠だと考えたのだ。まだアガシの下で学んでいたころ、モースもこれに興味をもち、アガシの勧めでシャミセンガイの研究を始めたのだった。

研究を進めるうち、シャミセンガイは、見かけは二枚貝だが実は貝類などの軟体動物ではなく、全く別のグループ(現在の腕足動物門)なのではないか、とモースは考えるようになった。彼が発表したシャミセンガイの系統についての論文は、ダーウィンの目に留まり、それを機にダーウィンとの交流が始まった。彼はこの研究を通して、師の考えを否定するようになり、むしろダーウィンの生物進化の考えを積極的に受け入れるようになった。

最終的にモースが日本へ行こうと決意したのは、日本では容易にシャミセンガイが手に入り、その研究をさらに進めることができるからだった。

ところでモースは一八六七年、四人の仲間たちとアメリカ自然史学会を立ち上げ、その機関誌として『アメリカン・ナチュラリスト』誌を発行している。その創刊号の巻頭論文は、カタツムリの分類に関するモースの論文だった。彼はその雑誌に、カタツムリが長い目を伸ばして顕微鏡を覗いているユーモラスなイラストを描いた。

後に『アメリカン・ナチュラリスト』誌は、進化生物学と生態学の重要な理論研究が掲載される場となる。ライトとフィッシャーが論争を繰り広げたのもこの雑誌である。時代の流れとともに、雑誌のコンセプトは大きく変化したが、この雑誌と学会のロゴには、現在でもモースが描いたカタツムリのイラストが使用され、モースの面影を今に残している。

アガシの系譜

たまたまその出発点がモースであったことは、ある意味、日本の動物学の進路を決定づけたかもしれない。一八七九年、日本を去ったモースが自分の後任に推薦したのは、彼と同じくアガシの弟子であったチャールズ・ホイットマンだった。彼はモースとは異なり発生学者で、ダーウィン流の自然選択説にも否定的であった。だが、モースと同じく、師であったアガシの「本からではなく自然に学べ」という研究スタイルを徹底させた。さらに、ホイットマンの後任として日本人初の東大動物学科教授となった箕作佳吉がアメリカのジョンズ・ホプキンス大学で師事したウィリアム・ブルックスも、モースの友人であり、かつアガシの弟子だった。ダーウィニズムを支持するか否かに関わりなく、日本の動物学は、アガシ直系の系譜を引いているのである。

ちなみに箕作が学んだブルックスは、前章に登場したトマス・モーガンの師であった。またそのモーガンをコロンビア大学に招くとともに、ヘンリー・クランプトンを育て、そのポリネシアマイマイの研究を導いたエドムンド・B・ウィルソンの師も、やはりブルックスであった。

アガシの系譜は、箕作の孫弟子にあたる駒井卓にも引き継がれた。東京高等師範学校から東大に進んだ駒井は、京大に職を得たのち、一九二三年、留学先にコロンビア大学のモーガンの研究室を選ぶ。

世界に轟くモーガンの名声から、その研究室の設備に大きな期待を抱いていた駒井だったが、その想像とあまりにもかけ離れた研究室のありさまに肝をつぶした。駒井はその時のことを、こう書き残している。

「その校庭の片隅に立つ、地味な古典的な煉瓦造の建物の一つ、しかもその四階のみが動物〔研究室〕だから、古くて狭くて汚い事甚しい。その一室に教授を初めその幕僚連が、村役場にでもいったように、押すな押すなと机をぎっしり並べて控えて居た」「大きな眼玉に翼の拡がった鼻の下にいつでもマドロスパイプを離さぬスターティヴァント、赤い猿のような顔をして愚狂の如きブリッジェス、頬に大きな傷痕のあるマラー、是等は何れもその山賊の頭目の如き風采のモ〔ーガン〕教授の一味たるに恥ぢない風采をしてをる」

モーガンの下でショウジョウバエを使った遺伝学を学んだ駒井は、三年後に帰国、当時世界の最先端の遺伝学を日本に導入した。ショウジョウバエの突然変異などの研究で成果をあげるとともに、テントウムシの多型を使って進化の研究にも取り組み、日本の進化遺伝学の先駆者となった。戦後、新たに設立された国立遺伝学研究所に移ったのち、一九五三年には蝶のモンキチョウとミドリシジミのメスにみられる色や模様の多型の遺伝様式を決定、遺伝子型による適応度の違いを推定する論文を発表した。

進化の研究を進めていた駒井が、カタツムリの多型にも関心をもっていたであろうことは想像に難くない。だがそれだけでは、二つの陣営が火花を散らすカタツムリ論争に、駒井が参入する理由にはならなかっただろう。

実は戦争をはさんだこの時代に、奇跡のような高みに達していた貝類学者がいた。それが江村重雄である。オナジマイマイの論文は、駒井の最先端の遺伝学と、江村の最先端の貝類学が、結びついたものだったのである。

さらにもう一つ。忘れてはならないのは、彼らを強力にサポートした者たちの存在だ。それは貝類に精通した参謀役と、数多の優れた在野の研究者たち、そしてそれらをつなぐネットワークである。

モースに始まる流れ

モースから直接指導を受けた愛弟子のうち、モースの本領である貝類学を引き継いだのは、岩川友太郎と飯島魁(いさお)であった。飯島はむしろ鳥類の研究で、あるいは後のドイツ留学で学んだ寄生虫学で著名だが、実は日本のカタツムリを初めて研究した日本人は飯島である。彼は一八九一年には、サッポロマイマイを新種として記載し、一八九二年から一八九三年にかけて、『動物学雑誌』に「北海道ノ蝸牛」「日本ノ蝸牛」と題する記事を連載した。さらに日本の陸に住む貝――陸産貝類(陸貝)の分類学を進めるために、読者にカタツムリを採集して送るよう呼びかけた。

飯島は多くの優れた後進を育成した。寄生虫学の権威、五島清太郎もそのひとりである。五島はジョンズ・ホプキンス大学に留学、箕作と同じくブルックスの下で学んだ後、東大動物学科教授に就任する。その五島が指導した学生のひとりに、後にナメクジや淡水魚のトゲウオの研究で業績を残した池田嘉平がいた。

池田は入学したばかりの時、五島に向かって「ナメクジを研究したい」と申し出た。そのとき五島は、すぐに池田を書庫に連れてゆき、四四〇ページに及ぶ分厚いナメクジの専門書を渡し、これ以上の研究をやれ、と励ました。

ちなみにナメクジは、カタツムリとともに陸貝のメンバーである。そもそも系統学的には、ナメクジの仲間とカタツムリを区別することはできない。殻のないカタツムリがナメクジの仲間なのである。その意味では、モースのカタツムリ研究の伝統は、池田に受け継がれたとも言える。

池田はまもなく、体色を支配する対立遺伝子(アルビノ遺伝子と野生型遺伝子)を指標とした繁殖実験により、ナメクジがまるで植物のように、頻繁に自家受精をしていることを発見する。ナメクジは多くのカタツムリと同じく雌雄同体で、一匹の個体にオスの機能とメスの機能が両方備わっている。雌雄同体の動物は普通、二匹が交尾をして、卵は別の個体から受け渡された精子と受精するのだが、ナメクジはそれだけでなく、好んで自分の精子を自分の卵と受精させるのである。一九二〇年代という時代を考えると、これは世界的にも極めてレベルの高い斬新な研究だった。だが残念なことに、池田の論文はどれも、海外の研究者の目に届きにくい国内の雑誌に発表されたため、海外にはほとんど知られることがなかった。

一九二七年に池田は旧制新潟高校に教授として着任した。そこで池田が出会ったのが江村重雄である。新潟県の小さな山里に育った江村は、池田より一〇歳ほど若く、師範学校を卒業した後、小学校教員などを経て、ここに赴任したのだった。江村は池田から動物学を学び、カタツムリの研究に精力的に取り組むことになる。

江村は池田の指導のもとで研究に着手し、一九三〇年ごろから、カタツムリの生活史を次々と明らかにしていった。特に注目されるのは、交尾行動の詳細な観察記録である。江村は、交尾の最中にオナジマイマイが示す奇怪な行動を観察していた。恋矢(れんし)と呼ばれる炭酸カルシウムでできた硬く鋭い剣のような器官を、互いに相手の体に繰り返し突き刺すのである。

交尾が始まると、互いの頭を正対させて互いの生殖口を接する。すると、互いの雄性生殖器を生殖口から突き出し、相手の生殖口から雌性生殖器に挿入されて交尾が始まる。それとほぼ同時に恋矢を、それを格納していた器官から何度も高速で突き出して、互いの体に繰り返しグサグサ突き刺す。

これは、世界的に見ても驚きの観察事実だった。ヨーロッパにもモリマイマイやリンゴマイマイなど、恋矢をもつカタツムリがいて、交尾の時にそれを相手の体に刺すことは古くからよく知られていた。またその奇妙な行動は多くの研究者の興味を引き、その意味についてさまざまな仮説が出されていた。だが、江村自身も気づかなかったのだが、ヨーロッパの種類とオナジマイマイとでは、恋矢の刺し方も、刺すタイミングも全く違っていたのである。ヨーロッパの種類は、大きな恋矢を、交尾が終わる時に一回だけ、銛(もり)のように突き刺すだけなのだ。この違いは、恋矢の機能についての当時の考え方に、根本的な修正を迫るはずだった。だが残念なことに、この江村の論文は日本語だったため、海外の研究者の目には触れず、その意義を知られることはなかった。

それから約七〇年後、軟体動物の行動生理学で著名なオランダ人研究者が、たまたまこの江村の論文を入手した。彼はその論文に示された交尾行動のスケッチを見て驚愕し、その事実を確かめようと、わざわざ研究のため来日したほどだった。

江村は交尾行動だけでなく、交尾のあと、精子を格納した精包がどのように体の中を動いてゆくかも観察していた。交尾相手から膣内に放出された精包は、長い柄をもつ袋状の器官に移動し、その中で分解される。大半の精子はそこで精包ごと分解されるが、一部が管を通って貯精嚢まで移動し、そこに貯蔵されるのである。そしてその後、適当なタイミングで卵と受精する。江村の実験では、交尾後、最長でなんと一〇か月も、相手の精子を受精能力を失うことなく貯蔵していた。これを確かめるために、江村は遺伝学的な手法も活用していた。

他の種についても江村は詳しく生活史を調べ、繁殖行動を記録した。また、カタツムリの交尾器官の複雑な構造に関心をもち、さまざまな種でその特徴を調べた。これ以降、日本でもカタツムリの分類に、交尾器官を中心とした解剖学的特徴が本格的に用いられるようになる。

江村は大量のオナジマイマイを累代飼育し、交配実験を行った。そして一九三七年には、殻の地色の違いと帯の有無が示す多型の遺伝様式を決めることに成功。この成果が、後に行われる駒井との共同研究の基礎となった。

その後、偶然得られた左巻きの個体を利用した実験を行い、オナジマイマイの右巻きと左巻きの個体の間では交尾が起きないことを示した。殻の巻き方向が異なる個体は、体全体の構造も左右が逆になるため、通常の交尾行動では生殖口の位置が互いに合わず、交尾が起こらないのだ、と考えられた。また、得られた複数の左巻き同士を掛け合わせて交配実験を進め、殻の巻き方向の遺伝様式を調べようとも試みた。

どれも傑出した研究だった。だが、当時の日本人の優れた研究の多くがそうであったように、これらの研究も海外に知られることはなかった。

これほどの高みに江村がたどり着くことができた理由の一つには、彼の上司であり指導者でもあった池田の存在があるだろう。だが、まだ他にも理由がある。当時の日本にはすでに、高いレベルで貝類学の成果をあげるための、肥沃な土壌ができあがっていたのである。それは、モースを源とする流れとは、全く異質な源泉に由来する水脈が育んだものであった。

ギュリックから平瀬へ

ジョン・ギュリックが大阪で、地球の半周先にあるオックスフォードのジョージ・ロマネスと、種分化のプロセスを巡って議論を深めていたころ、東京では自然科学の知識など皆無の東大総長で政府の高官、加藤弘之が、社会ダーウィニズムを宣伝して世間の人気を集めていた。社会ダーウィニズムは、自然選択による進化を曲解したうえで、人間社会に拡張し、列強による植民地支配や、社会的に高い地位にいる強者による、社会的弱者の支配を正当化するような思想となっていた。一方のギュリックも、京都の同志社英学校に招かれて生物学の講演を行う機会はあったが、その進化理論はキリスト教主義の同志社には過激思想と受け取られ、講師には採用されなかった。このような時代に、ギュリックの進化学者としての真価を理解できる日本人がいるはずもなく、彼の存在は東京ではほとんど無視されていた。

社会ダーウィニズムの蔓延に憂慮を深めたギュリックは、それを強く批判する論文を発表したが、注目を集めることもなかった。日本には、彼の進化理論について科学的な議論を交わすことのできた者はなく、その考えを受け継ぐ後継者もいなかったのである。

だが、歴史は時に思いがけぬ所縁をつくりだす。実はギュリックは、日本の科学の本流とは別のところで、意外な後継者を残していたのだ。それは彼のもう一つの側面、貝類学者としての遺産であった。

日本でもカタツムリを調べようと思い立ったギュリックは、一八九〇年ごろから息子アディソンへの研究指導を兼ねて、日本のカタツムリの調査を始めた。そんな折の一八九四年、ギュリックは、陸と海の貝類を収集しているという、ひとりの日本人紳士と出会った。京都で家禽（かきん）業を営んでいた平瀬与一郎である。

淡路島に生まれ、京都で事業に成功し財を築いた平瀬は、生まれつきの好奇心と自然への関心から、動物標本や鉱物などの収集も手掛けていた。クリスチャンであった平瀬は、同志社の講師を務めていた宣教師ピーター・ゲインズから、個人的に博物学と英語を学び、ゲインズの貝類収集を手伝ったことを契機に、貝類に関心をもったのだった。

ギュリックと平瀬は手持ちの標本を交換し、これを契機に平瀬のカタツムリ収集に対する情熱は一気に高まった。ギュリックは平瀬に、日本のカタツムリを研究することの大きな意義を説いた。

ギュリックとの出会いを機に、陸と海の貝類の収集と研究を一生の仕事にしようと決意した平瀬は、家禽業のネットワークを通じて、日本の各地に採集を依頼する。さらに採集者のために、ギュリックの助けを借りて、日本最初の貝類のガイドブックを発行した。平瀬は体が弱く、自分で採集に赴くことは難しかった。だが、東北や九州など地方に住む多くの人々が彼の意思に賛同し、標本収集に協力した。

ギュリックが日本を去った後も、平瀬は精力的に貝類の収集に努めた。平瀬はそれらを主に海外向けに販売して資金を得るとともに、標本をアメリカの貝類学者ヘンリー・ピルスブリに送り、次々と新種が記載されていった。

平瀬には、高い技量をもつ採集人と有能な助手がいた。採集人たちは日本全国から海外まで足を延ばし、多数の希少な種類を持ち帰った。刻々と増えていく夥しい量の標本を管理していたのは、平瀬の使用人、黒田徳米だった。淡路島の小学校を卒業してすぐ家事手伝いとして平瀬に雇われた黒田は、まもなく貝類を扱う仕事を手伝うようになった。そして持ち前の才覚を発揮、いつしか標本の販売や海外の研究者とのやり取りのすべてを任されるようになっていた。

こうして平瀬は、日本の陸と海の貝類相の概要を明らかにするとともに、貝類の膨大なコレクションを作り上げた。平瀬は研究機関の職に就くことはなかったが、モースの弟子の岩川とも交流をもち、日本の貝類研究の中核となった。そして一九〇七年には、日本で最初の貝類研究誌である『介類雑誌』を自費出版した。さらに一九一三年には、長年の夢であった貝類博物館を建設し、自らの八〇〇〇種を超えるコレクションを展示した。

だが、私財をなげうって行われたこれらの事業は、まもなく経済的に行き詰まり、破綻してしまう。無理を重ねて体調も悪化、収集と研究の続行も不可能となる。『介類雑誌』は四巻で廃刊となり、貝類博物館はわずか六年で閉館となってしまった。建物は取り壊され、平瀬のコレクションは分割されて、海外を含め各所に引き取られていった。

「日暮れて道遠し」。この言葉を残し、平瀬の志は道半ばに潰えた。だがその志を、平瀬の助手、黒田が継いだ。黒田は、長年平瀬の下で貝類を扱ううちに才能が開花、すでに一級の研究者となっていたのである。貝類博物館の閉館後、黒田は京大に迎えられ、協力者とともに一九二八年、日本貝類学会を設立する。

平瀬・黒田の活動を契機に、大学などの研究機関だけでなく、地方の学校教員たちを中心に、在野の貝類研究者が数多く生まれ、日本に貝類学の広大な裾野が作り出された。これら在野の研究者たちは、以後の貝類学の強力な推進力となる。

江村がオナジマイマイの研究を始めたとき、すでに日本には、カタツムリを対象として幅広く研究を進めるための基礎ができていたのである。

挑　戦

終戦後まもない一九四八年、駒井は『生物進化学』と題する著書を出版した。この中で駒井は、地理的な隔離による進化の例として、ギュリックのハワイマイマイとクランプトンのポリネシアマイマイの研究を詳しく紹介した。ギュリックと日本の関わりにも触れ、「平瀬与一郎の貝類への興味は、ギュリックから与えられた」と記している。

実は、駒井と貝類学会には深い関係がある。駒井は貝類学会の創立期を経済、精神の両面から支援し、後に中心メンバーとなる研究者を育てた。また、駒井は黒田に学位を取得するよう勧め、黒田がカタツムリの分布と分類の研究で博士の学位を授与されたときの主査を務めた。そのためその著書にも、日本のカタツムリの研究事例が詳しく解説されている。そこには江村が解明した、オナジマイマイの色と模様の遺伝に関する記述もあった。

駒井が江村の研究成果を基礎とし、黒田の助けも借りて、オナジマイマイの遺伝的変異を本格的に調べ始めたのは、ちょうどこの本を出版したころである。駒井は、秋田から鹿児島に至る日本各地と台湾から、オナジマイマイの試料を集めた。支援する黒田の呼びかけに応じ、それぞれの土地で採集したオナジマイマイを駒井に送り届けたのが、地方に住む在野の貝類研究者たちであった。たとえば最も多くの試料を採集したのは、高知で教職についていた中山駿馬(しんま)である。中山は、四国や九州のカタツムリの研究で顕著な成果をあげ、高知県の二〇〇〇種を超える貝類の総目録を作成した人物であった。

こうして集められたオナジマイマイは、五万匹を超えた。

オナジマイマイには、殻の地色が黄色のタイプと褐色のタイプがある。また黒い帯を殻の周りに一本巡らすものと、帯のない無地のタイプがある。地色と帯の組み合わせで、合計四つのタイプが区別される。地色と帯の有無は、強く連鎖するそれぞれ別の遺伝子座によって支配されており、地色は褐色が黄色に対して優性、帯は有帯が無帯に対して優性である。全国から集められた個体のうち、最も多くを占めるのは黄色で無地のタイプだったが、ほとんどの集団が複数のタイプを含んでいた。

駒井と江村は実験から、遺伝子型の違いで成長率や環境への適応性が異なることを見出した。褐色で有帯のタイプ、すなわち二重ヘテロ接合は、他のタイプより高い成長率を示した。また黄色で有帯のタイプは、褐色で無帯のタイプより低温への強い耐性をもっていた。この違いのため、集団に占める地色と帯の対立遺伝子頻度には、なんらかの地理的な傾向が生じていることが予想された。

だが、五万を超える個体の解析から得られた、地色と帯の対立遺伝子頻度のパターンには、環境との関連性は何一つ検出されなかった。全く環境の異なる場所や、南北に遠く離れた地点の集団が、ほとんど同じ遺伝子構成をもつ場合がある一方、京都市内の近隣の同一環境に住む集団が、大きく異なる遺伝子構成をもつ場合もあった。また、海によって遠く隔てられた小さな島では変異が失われ、すべての個体が黄色で無帯のタイプとなっていた。

彼らは、多型の維持には二重ヘテロ接合が有利であることによる自然選択が関わっているだろう、としたものの、地色と帯の有無の地理的なパターンを決める要因として、自然選択は重要ではないと考えた。彼らの結論は、「オナジマイマイの色彩多型の地理的パターンは、創始者効果または遺伝的浮動の結果である」というものだった。

ケインとシェパード、そしてラモットと、ほとんど同時期に進められたオナジマイマイの研究結果は、適応主義をきっぱり否定するものだった。

駒井と江村の研究は、今もカタツムリ研究の古典として世界的に知られている。ヘテロ接合体がホモ接合体より高い適応度をもつ例をカタツムリで示したのは、これが世界で初めてだった。だが、その緻密さと明確さにもかかわらず、彼らの一番重要な結論は、あまり受け入れられなかった。論文の公表が、少し遅かったのだ。時代はすでに適応主義に染まっていたのである。ラモットがそうであったように、もう回り始めてしまった時代の歯車に逆らうことは難しかった。

カタツムリの適応主義をケインたちから引き継いだブライアン・C・クラークは、駒井と江村のオナジマイマイの研究成果を、論文や総説の中で幾度か取り上げた。だが話題としたのは、タイプ間の低温耐性の違いと、ヘテロ接合が有利であることによる自然選択の効果についての部分だけだった。彼らの主張の核であった遺伝的浮動の効果については、一切を無視した。

結局、駒井と江村のカタツムリ論争への挑戦は、この論文一つで終わりを告げた。

＊

適応主義と遺伝的浮動の論争への参戦を企てて、駒井と江村が日本中からカタツムリを集めていたころ、全く別のやり方で、この論争に加わろうとしていた若い日本人がいた。一九四九年に京大から国立遺伝学研究所に移ってきた木村資生（もとお）である。木村はライトの遺伝的浮動の理論に感銘を受けて、ほとんど独学で集団遺伝学の数学的な理論をマスターしていた。だが、木村の理論研究はあまりに高度で、当時の日本の研究者は誰も理解できなかった。そんな中でただ一人、木村の研究の意義を理解し、その真価を認め、木村を励まし続けたのが駒井であった。駒井は木村に、海外へ行くことを勧めた。

まもなく木村は資金を得て、アメリカに渡った。そして、勢いよく回り始めた時代の歯車を、果敢にも逆回転させることに挑むのである。

5　自然はしばしば複雑である

要塞のように巨大で、迷宮のように入り組んだ建造物の一室で、実験は行われていた。白衣を纏った若者——アンガス・デビソンは、扉にB.C.C.と書かれた大きな冷凍庫を開け、金属製の箱を取り出す。中に入っているのは凍結したモリマイマイ。彼は細い剃刀(かみそり)をバーナーの青い焔(ほのお)で少し炙(あぶ)り、殻の口に差し込む。刃先に付着した薄く小さな肉片を、透明な液体の入った小さなチューブに移し、しばし温めると、やがてそれは液体に溶け込み見えなくなった。若者は軽快な手さばきで短銃のようなマイクロピペットを操り、チューブから液体を吸い取り、あるいは液体を注ぎ込む。見かけは小型の洗濯機のような遠心分離機の蓋を開け、チューブをぐるりと円形に並べて蓋を閉め、スイッチを入れる。

こんな作業を幾度か繰り返した後、彼は、チューブに溜まったトロンとした溶液の上澄みを丁寧に掬(すく)いだし、別のチューブに移して、そこに冷ややかな香気を発するエタノールを添加した。チューブをゆっくりと揺らしながら中を窺うと、小さな白い綿毛のような懸濁物がたなびいている。それはまもなく寄り集まり絡みあって、小さな白い糸状の塊となって底に沈んだ。この白い沈殿物が、モリマイマイのＤＮＡであった。

中立説

「我々は、デオキシリボ核酸（ＤＮＡ）の塩（えん）の構造を提案する」。一九五三年に、この素っ気ないほどシンプルな書き出しで始まる短い論文が発表され、遺伝子の正体が二重らせん構造をなす高分子であることがわかると、遺伝学を巡る景色は一変した。ＤＮＡの塩基配列をもとにタンパク質をつくるアミノ酸の配列が決まること、その過程では、ｍＲＮＡがＤＮＡの塩基配列を鋳型にして合成され、アミノ酸配列に翻訳されること、そして一つのアミノ酸はｍＲＮＡの三個の塩基（コドン）の配列に対応していること、などが次々と明らかにされた。

一九六〇年代半ばまでには、タンパク質のアミノ酸配列のデータが蓄積し、ヘモグロビンやチトクロムＣでは、あるアミノ酸が別のアミノ酸に変わる「アミノ酸置換」の速度が推定できるようになっていた。

さて、ここで木村資生の登場である。木村はこの速度の値を使って、ゲノム全体での年あたりアミノ酸置換数を推定してみた。するとその値は、自然選択によって有害な変異が集団から除去されているという前提で推定された値より、はるかに高くなったのである。つまりこれらのアミノ酸置換の大半は、自然選択に対して有利でも不利でもない、中立的なものだと考えられた。

さらに、ヒトやショウジョウバエで得られていた酵素タンパク質の変異のデータは、遺伝的変異が、従来考えられていたよりはるかに高い頻度で集団中に存在していることを示していた。そこで木村は、「分子レベルでは、突然変異の大半は自然選択に対して中立であり、分子レベルの進化は突然変異と遺伝的浮動によって起きる確率的な過程である」と結論した。分子レベルでは、多くの場合、適応度の高いものが生き残るのではなく、運のよいものが生き残るのである。その論文の発表は一九六八年のことであった。

適応主義が全盛を極めようとしていた時代である。非適応的な進化が次々と論駁され、退いていった時代である。潮の流れに真っ向から逆らう中立説の主張に、進化学者たちの批判と攻撃は必至だった。それまでの木村の研究をよく知り、実績を認めていた研究者たちは狼狽した。

だが翌年、レスター・キングとトマス・ジュークが「非ダーウィン的進化」と題する論文を発表し、木村と同じ結論に達する。彼らは主に分子生物学の立場から、中立説を支持する幅広い証拠を示した。その一つが、タンパク質の構造を変化させない突然変異の存在である。コドンの三番目の塩基に起きる変化はアミノ酸を変化させないこと（同のような同義置換は個体の生存に影響せず、自然選択に対して中立であると考えられる。

かくして論争は一気に火を噴いた。

中立説に対して最初に批判の論文を投下したのは、ブライアン・C・クラークだった。クラークはモリマイマイとポリネシアマイマイを使って、色彩に関わる遺伝的変異が少数者有利の自然選択(負の頻度依存選択)によって維持されることを実証し、次に分子レベルの遺伝的変異も自然選択で説明しようと試みているところだった。だから、それが中立的な突然変異と遺伝的浮動で説明できるという主張には、我慢がならなかったのだ。

クラークの批判は多岐にわたった。たとえばクラークは、「同義置換はアミノ酸配列には影響しなくても、mRNAがタンパク質に翻訳される過程、特にアミノ酸が運ばれ結合されてゆく反応過程に影響している可能性があり、必ずしも自然選択に対して中立とは結論できない」と主張した。またクラークは、実際に分子レベルではたらいていると考えられる自然選択の例を挙げるとともに、「観察された変異のパターンが確率的な変化が予測するパターンと一致するからといって、それが自然選択を否定することにはならない」と指摘した。たとえばモリマイマイの色彩多型の頻度分布は、ランダムな変化だけを仮定しても説明できるが、実際にはその分布は少数者有利の自然選択(負の頻度依存選択)の結果である。このような自然選択を想定すれば、分子レベルの非常に高頻度の変異や、その分布が示す確率過程との整合性は説明できる。これがクラークの考えだった。

こうしてクラークは中立説批判の先陣を切ると、その後も反中立説陣営の中心となって、木村たちの前に立ちふさがった。その主張のスタイルは、彼がカタツムリの研究で示した適応主義と同じである。中立的で有利さに差がないと考えるのは、差が認識できていないだけで、進化に及ぼす遺伝的浮動の効果は否定しないが、自然選択のほうがより重要だ、というものだった。クラークは、一九七〇年に発表した中立説に対する批判をこう結んでいる。

「他の形質と同じくタンパク質の進化においても、自然選択の影響がより支配的であると思われる」

勝利

この論争がたどった経緯については、木村自身の著作も含め、数多くの著書・記事があり、またカタツムリの話からもそれるので、ここでは割愛する。結論だけ記そう。

中立説は二〇年に及ぶ白熱した論争を戦い抜き、世界的な支持を得て、評価を確立することに成功した。クラークら適応主義陣営から浴びせかけられる執拗な批判を次々と論破した末の、勝利だった。

技術的な発展も追い風となった。たとえば中立説では、「機能的に重要でない遺伝子ほど、そうでないものより塩基置換の速度が突然変異率によって決まりやすく、高い進化速度を示す」と予想する。これについては一九八〇年代以降、遺伝子の塩基配列を直接読み取って比較するのが一般的になると、中立説の主張を裏づける数多くのデータが得られた。たとえば、同義置換が非同義置換より一般に高い進化速度をもつこと、また、ゲノムの多くを占めるのはタンパク質をつくる機能を失った遺伝子(偽遺伝子)であり、それが極めて速く進化することなどである。

いくつかの理論は、中立説の補強に大きな役割を果たした。太田朋子の「ほぼ中立説」がその一つだ。

この理論に従うと、必ずしも突然変異が完全に中立でなくとも、中立的な進化が起こりうる。突然変異の多くは有害である。そのなかでも、生存に少しだけ不利な、弱有害な突然変異が多くを占めている。こうした弱有害な変異は、条件によっては中立になるのだ。たとえば大きな集団では、フィッシャーが示したように自然選択が有効にはたらき、弱有害な変異は集団から除去される。しかし小さな集団では、確率的な揺らぎによる変化が自然選択による変化を上回り、変異の弱有害な性質が打ち消されて中立的に振る舞う。完全に中立な突然変異の場合は、遺伝子が置き換えられる速度は、集団の大きさや環境とは関係なく、突然変異率に等しくなるが、「ほぼ中立説」の場合には、進化速度は集団が小さくなるほど高くなると予想される。

かくして、ギュリック、ライトと受け継がれた偶然による進化、非適応的な進化の着想は、木村らにより、生命の根源をなす場所——分子レベルで実証された。適応主義に向かって加速する時代の歯車を、逆転させることに成功したのだ。

この偉業により一九九二年、木村はダーウィン・メダルを授与された。

分子進化の理論

もともと木村は、中立的な進化が起きるのは分子レベルの進化に限定され、姿、形などの表現形質を支配する遺伝子には、主に自然選択がはたらいていると考えていた。その意味では中立説の立場は、表現形質の適応進化を重視する立場と、本来互いに補い合う関係にある。

発表当初は強い反発を受けた中立説だが、論争を経て地位を確立したのちは、自然選択を重視する陣営との融和を果たした。そしてこの融和は、進化学にさらなる革新をもたらした。進化学者たちは、中立説とそれに関連して発展した分子進化の理論を使って、逆に適応進化の証拠を見出し、適応のプロセスの問題を解決し、さらに新しい適応の仕組みについての発見を成し遂げることができたからだ。

分子進化の理論によって、歴史はデータとして扱われるようになった。ゲノムという図書館に蓄積された大量の古文書から、過去を解読するのである。

進化学者は、遺伝子の塩基配列の変異を利用して生物の歴史、すなわち生物(厳密には遺伝子)の系統関係を推定する。変異が中立的な場合はもちろん、そうでない場合でさえ、遺伝子の情報をもとに、どの種がどの種と同じ祖先に由来しているか、どの種が他から最も古く分かれ、どの種が一番新しく分化したのか、という進化の道筋を、系統樹の形で描き出すことができるのである。また、確率的におおむね一定の速度で進むという分子進化の性質、すなわち分子時計を利用して、これらの種が何年前に分かれたかを推定することもできる。

どの種がより祖先的で、どの種がより新しく進化してきたか、という祖先—子孫の関係がわかると、次に、これらの種がもつ形や生態などの性質が、どのように祖先から子孫へと進化してきたか、つまり性質の進化パターンを推定することが可能になる。すると、その進化パターンをもとに、適応によりこのような性質が進化するはずだ、という適応進化の仮説を検証することができるのだ。

分子進化の理論は、集団の現在と過去を知るための手段でもある。

集団が全体として今どれだけの遺伝的変異をもっているのか、その指標となるのは、中立的な遺伝子の変異である。またそれを指標として、他の集団との間にどれだけ個体の移動があるか、あるいはどれだけ隔離されているのか知ることができる。変異の履歴をたどることで、集団がどのように成立し、どのように変化してきたか、その歴史を知ることもできるのである。

中立的な分子進化を見出すための理論は、逆に言えば、適応に関わる遺伝子を見出すための理論でもある。

中立説の理論を活用することによって、どの遺伝子領域が生存のために重要な機能を果たしているのか、目星をつけることができるのだ。たとえば、ある遺伝子の塩基配列を比較して求められた進化速度が、中立な場合の速度に対して遅いか速いかを調べてみる。もし遅ければ、その遺伝子では、自然選択によって不利な変異が除去され、変化が抑制されている(負の淘汰)。もし速ければ、自然選択によって有利な変異が増える方向に変化している(正の淘汰)のだ。

分子進化の研究が進むと、適応進化の仕組みについて新たな発見が次々と生まれた。新しい機能や性質がどのように獲得されるのか、その分子的な理解が可能になったからである。その一つの例が、ある機能を果たす遺伝子がゲノム中でそっくりコピーされてできた「重複遺伝子」を通して起きる進化だ。

通常、同じ機能を果たす遺伝子は二つは要らないので、このような重複遺伝子は突然変異により機能を失い、偽遺伝子になる。だが、条件によっては、元の遺伝子が機能を果たしているうちに、この重複遺伝子を使って新しい機能が獲得され、新しい方向への適応進化が進むことがある。ムダなものがあるおかげで、新しい有用なものができるわけである。

このように、適応主義と激しく対立した中立説の理論は、それと深く関係しつつ発展した分子進化の理論とともに、今度は適応進化を理解するための強力なツールとなったのである。

速い進化、遅い進化

意外なことに一九九四年以降、遺伝子の塩基配列の比較からカタツムリの分子進化を本格的に調べたのは、ノッティンガム大学に研究室を構えたクラークと、その門下生たちであった。彼らが明らかにした、モリマイマイとニワノオウシュウマイマイのミトコンドリアＤＮＡ（ｍｔＤＮＡ）の変異は、衝撃的なものであった。同じ種の個体間で、異常に大きな塩基配列の違い（遺伝距離）が認められたのである。それは当時、他の動物の同種個体間で知られていた違い（遺伝距離）の、一〇～二〇倍に達する値であった。

なぜこれほど大きな種内変異があるのだろう。彼らが考えた仮説は二つ。「カタツムリのmtDNAはなんらかの理由で極端に進化のスピードが速い」という可能性と、「カタツムリでは一つの種の中に、非常に古い時代に分化した遺伝子が含まれている(種分化のスピードが遅い)」という可能性である。

この問いに最初に答えたのは、日本でマイマイ属(日本で最も大型で身近なカタツムリの一群)のミスジマイマイとハコネマイマイを使って研究を行い、後にノッティンガム大学に移った林守人である。林が注目したのは、伊豆諸島と伊豆半島のユニークな地史であった。それが速度の測定器になると考えたのである。

伊豆諸島は隆起した海底火山である。そして、過去に今の伊豆諸島の位置にあった島が、プレートの北上とともに本州に衝突してできたのが伊豆半島である。

隆起によって島が形成されると、そこに本土から移住してきたミスジマイマイが隔離される。島が北上して本土に衝突すると、一部の集団は本土の集団と出会って混ざるが、火山の噴火活動のために、他の集団はそのまま隔離されて半島に取り残される。林はこのようなストーリーを想定して、島の成立年代や本土に衝突した年代、噴火活動が起きた年代と、それぞれの集団間のmtDNAの遺伝距離を比較することで、その進化速度を求めた。

その結果は、高速進化の仮説を支持するものだった。これらのカタツムリのmtDNAは、たとえば主要な脊椎動物で知られているmtDNAの進化速度の、約一〇倍ものスピードで進化していたのだ。その後、これと同様の結果が他のカタツムリの研究でも報告された。また、ｍｔＤＮＡだけでなく核にある別の遺伝子でも、カタツムリでは進化スピードが速いという結果が報告された。さらに同じ系統の巻貝で比較すると、陸上に住む種のほうが海に住む種よりも、核のいくつかの遺伝子やｍｔＤＮＡの進化速度が著しく上がっていることも明らかにされた。

しかし、これに対する反論も登場した。オーストラリアなどにいる種類や、キバサナギガイ類・スナガイ類など系統の大きく異なるカタツムリで調べられたｍｔＤＮＡは、それほど速く進化していない、というのである。どうやらカタツムリの中でも、グループの間で分子進化速度に大きな違いがあるようなのだ。なぜ、グループによって速度が異なるのだろう。そもそも、速く進化している種類では、なぜそんなに速いのだろう。

まず考えられるのは、カタツムリのｍｔＤＮＡの各領域が機能を失っている、あるいは、正の淘汰がかかっている、という可能性だが、確実な証拠は得られていない。今のところ有力な答えの一つは、クラークの学生であったアンガス・デビソンが提案した説明だ。本来なら弱有害で残らないはずの突然変異が、カタツムリでは中立的になって残り、進化速度が上がる、というものだ。

移動力の乏しいカタツムリの種は、たくさんの互いに隔離されたごく小さな集団で構成されている。そのため遺伝的浮動の効果が大きく、弱有害な突然変異が中立的に振る舞う。その結果、突然変異が集団から除去されず、集団中に広まり固定するのだ。この効果は、組み換えのないｍｔＤＮＡで特に著しい。一方、キバサナギガイ類は微小種のため、容易に風に運ばれるなど分散能力が高く、分布域も広いので、集団サイズが大きい。だから、弱有害な突然変異は自然選択により集団から除去され、進化速度が遅いのだろう。

まだ謎は完全に解けたわけではないが、思いがけなくも、この「ほぼ中立説」が想定する状況――カタツムリの集団構造の特性ゆえに、自然選択の効果が遺伝的浮動の効果で打ち消される状況――は、ラモットがモリマイマイで、そして駒井と江村がオナジマイマイで、殻の模様の多様性や地理的変異を説明するために想定した状況と、実質的に同じものである。

歴史から見た景色

歴史を知ることは重要だ。歴史がわかると、見方が変わり、世界がそれまでとまるで違った景色に見えることがある。

さて、デビソンをはじめクラークの門下生たちが注目したのは、世界のカタツムリの歴史だった。彼らは、世界中から主要なカタツムリの種を集めると、それらの遺伝子の塩基配列を解析し、系統関係を推定した。

　得られた系統樹には、予想外のパターンが示されていた。分類学的に縁の遠い別の科に属する種が、系統樹のすぐ隣の枝に配置されたり、分類学的には親類のはずの同じ属の種が、系統樹の遠く隔たった枝に配置されたりしていたのだ。系統の近さで分けた種のグループと、属や科という分類学上のカテゴリーで分けた種のグループが、大きく異なるのである。

　系統関係と、それぞれの種の形態的な特徴を照合すれば、その理由は明らかだった。属や科を区別するのに利用されていた殻や軟体部の形質が、違う系統で独立に同じ特徴のものに収斂したり、逆に同じ系統で大きく異なる特徴のものに分化したりしていたのだ。これは、著しい適応進化が起きたことを示唆していた。

　カタツムリの分類学では伝統的に、これら属や科の分類に用いる形質の違いは、中立的でランダムに生じたもの、と信じる傾向が強かった。だが、中立説から発展した分子進化の研究は、皮肉にも、それらが実際には適応進化の結果であることを示したのである。

　歴史を知ることによって、見方が変わるだけでなく、それまで解決できなかった問題が片づくことがある。また歴史は、新しい着想とユニークなものの見方の源泉でもある。

　3章で触れたモリマイマイのエリア・エフェクトの謎解きは、自然選択かそれとも遺伝的浮動かという長年にわたる論争の末、中立的な遺伝子を指標として用いた研究により、意外な結末を迎えた。

デビソンは、アーサー・ケインたちが一九六〇年代に初めてエリア・エフェクトを見つけたマールボロ・ダウンズの集団で、マイクロサテライトDNA(二〜四塩基の配列の繰り返しからなる遺伝子領域)とmtDNAの変異を調べた。その結果、殻の帯と地色が示す多型の地理的分布が、中立なマイクロサテライトDNAの変異が示す地理的分布とよく一致したのである。この結果からデビソンは、「もともと異なる遺伝的な組成をもっていた二つの集団が、出会って混ざりあったために、エリア・エフェクトが生じたのだ」と結論した。

これらの遺伝子の力を借りて推定された歴史は、次のようなものだ。イギリスは最終氷期には広く氷床で覆われていたが、一万年前ごろから温暖化が始まり、氷床が消滅した。すると、それまで東と西に隔離されていたモリマイマイが分布を広げ、ちょうどマールボロ・ダウンズのあるあたりの地域で出会ったのである。それぞれ異なる地色と帯の多型をもっていた二つの集団が、不均質に混ざり合った結果、環境と無関係な色彩多型の地理的パターンが形成されたのだ。もちろん、自然選択や遺伝的浮動の効果も無視できない。しかしモリマイマイのエリア・エフェクトを作り出した最も重要な要因は、実は分離と融合の「歴史」そのものだったのである。

モリマイマイの色彩多型の地理的分布を決めている要因は、おそらく非常に複雑である。捕食者に対する適応、負の頻度依存選択、気温や乾燥に対する適応は、確かにはたらいている。ロバート・キャメロンは、師のケインが採ったデータと比較し、ケインの調査以後の四〇年間に、自然選択によってモリマイマイの色彩型の頻度が適応的に変化したことを見出している。だが一方で、遺伝的浮動や移住の影響も無視できない。さらに、それらに加えて歴史の効果があるのだ。集団の拡大や融合の歴史に加え、環境の変化の歴史も影響する。モリマイマイの生息環境は、気候変化に加え、人為的な改変によっても、歴史的に変化してきた。過去に生じた環境への適応は、環境が変わった現在でも、その名残を留めているかもしれないのだ。

円周率と印鑑

歴史を知れば、新しい見方ができるようになる。だが、それは歴史の一面だ。逆に歴史が、私たちのものの見方や考え方を拘束し、自由を奪うこともある。3・14は何ですか、と聞かれて、「円周率！」とマッハのスピードで答えるも、ホワイトデーに思いが及ばない勉強熱心な甲斐性無しがその例である。これは生物進化でも同じかもしれない。

モリマイマイの色彩多型では、帯の有無を決める遺伝子や帯の形を決める遺伝子、地色を決める遺伝子などが強く連鎖している。これらはそれぞれ別の遺伝子なのだが、同じ染色体上の近接した位置にあり、一つの遺伝子(超遺伝子)のように振る舞う。

カタツムリの色彩多型では、モリマイマイでみられるものとよく似た色と帯の組み合わせからなる型のセットが、異なる種や系統で独立に進化し、またそれを支配する超遺伝子も独立に進化してきたと考えられている。

なぜこのような超遺伝子が進化したのか、理由はよくわかっていない。カタツムリと同じように超遺伝子で支配されている蝶の色彩多型の場合のように、染色体の逆位を生じた領域に、同じ機能を果たすうえで有利な変異が蓄積して超遺伝子が形成されたのかもしれない。このような遺伝子セットを壊すような組み換えは、逆位によって抑制されるからだ。あるいはこれらの遺伝子は、もとは別の染色体上にあったものが、組み換えなどによって同じ染色体の近接した位置に配され、超遺伝子を形づくるようになったのかもしれない。いずれにしても、進化の過程で模様は適応的に洗練されたものになるが、その変異の自由度は失われる。

蝶の場合には、色彩多型を支配する超遺伝子の分子機構が解明されている。一方、カタツムリの色彩多型ではまだ不明な点が多いが、ノッティンガム大学でクラークの研究室の跡を継いだデビソンは、モリマイマイのゲノム全体から得られたＳＮＰ(一塩基多型)を指標として、殻の帯と地色の遺伝子が構成する超遺伝子の、染色体上の位置(連鎖地図)を決定した。また、オランダの研究グループは、モリマイマイの色彩多型を決める候補遺伝子を特定している。その超遺伝子の分子制御の仕組みが解明されれば、なぜカタツムリの色彩多型が特定のタイプに制約されるのか、その理由を知ることができるだろう。

歴史は自由を奪うとともに、得てして保守的である。たとえば、ハンコを押す、という紀元前に生まれた風習は、IT社会の今でも健在である(そのため、現代人は「押印した書類をスキャンしてPDF化して添付ファイルでメール送信する」という実に手の込んだことをしなければならない)。生物も同じように、古い時代に生まれた遺伝子が、当時とは全く違う器の中で、いまだにほとんど同じ機能を果たしていることがある。そんな例の一つが、右巻きの貝を左巻きに変える遺伝的メカニズムである。

クランプトンが左巻きの巻貝の螺旋卵割が逆向きであることを発見して以来、巻き方向に変化が起きる仕組みについて、数多くの研究がなされ、さまざまな知見が積み重ねられてきた。なかでも驚くべきことに、巻貝の巻き方向の変化は、脊椎動物の左右非対称性にかかわることが知られる *nodal* 遺伝子でも制御されているとわかっている。この遺伝子の機能を失わせると、巻き方が乱れるのである。

nodal 遺伝子は、軟体動物と脊椎動物が分かれる前、カンブリア爆発の時代のはるか

以前からずっと受け継がれてきた、おそらく後生動物の歴史上、最初に体の非対称性を作り出した遺伝子の一つだ。進化の歴史の創成期に生まれ、連綿と受け継がれた遺伝子が、全く違う系で似た仕事をしてきたのである。

実は、胚で*nodal*遺伝子による制御が起こる前の段階でも、巻き方向を決める要素があり、それがシグナルとして*nodal*遺伝子に伝わっている。これを卵割の初期段階での操作実験で明らかにしたのが、発生学者の黒田玲子だった。そしてその根底にある分子メカニズムを解明したのが、デビソンの研究グループであった。

デビソンらは、淡水巻貝・ヨーロッパモノアラガイの右巻き―左巻きを決めているのが、フォルミンという、細胞骨格に関与するタンパク質を生成する遺伝子であることを突き止めた。この遺伝子は初期胚(二細胞期)には発現しており、これに変異があると、右巻きから左巻きになるのである。また初期胚でフォルミンのはたらきを阻害すると、左巻きになる。フォルミンはカエルの胚でも、やはり体づくり(発生)における左右の非対称性に関係している。

だが、もっと驚くべきことがある。淡水巻貝もカタツムリも同じ巻貝なのだから、右巻き―左巻きを決めている遺伝子はカタツムリでも同じだと普通は思うだろう。ところが、話はそう単純ではない。ポリネシアマイマイ属やマイマイ属の巻き方向の違いは、この遺伝子の変異とは無関係なのである。それが何かはまだわかっていないが、カタツムリには、巻き方向を決めるまた別の要素があるのだ。

復活

「自然はしばしば複雑である」。これは、クラークの進化観の中枢である負の頻度依存選択についての、最も重要な論文の書き出しである。同時にその論文は、中立説に対する最も厳しい批判の論文でもあった。

中立説陣営の勝利ゆえに(ただしクラーク自身は敗北を認めていなかったが)、クラークが適応主義の下で成し遂げたことの意義は、光を失ったように見えた。しかし、中立説との融和が成立して以降、再び状況は変わり始めた。

さまざまな遺伝子の機能や性質についてのデータが蓄積してくると、今度はそれまで機能がなく中立的に変化すると考えられていた遺伝子の中に、実際には機能があり、自然選択の影響が想定されるものが数多くあることがわかってきた。たとえばヨーロッパモノアラガイでは、神経のシグナル伝達に関係するNOS遺伝子とよく似た塩基配列をもつ偽遺伝子が存在する。しかし、この偽遺伝子からは実はRNAが転写され、それがNOS遺伝子の発現を抑えるはたらきをしているのである。脊椎動物の偽遺伝子も、このように他の遺伝子の活動を制御するスイッチとしてはたらいている場合があることが知られている。偽遺伝子とされてきたものが、実は偽遺伝子ではなかった、そんなケースが増えているのだ。

また、アミノ酸の種類を変化させない同義置換も、実際にはｍＲＮＡからタンパク質が翻訳される速度を変化させることがわかってきた。つまりある面では、実はクラークの指摘も正しかったのである。

クラークは、分子レベルの変異を維持するプロセスとして、負の頻度依存選択を想定していた。たとえば免疫応答に関わるＭＨＣ分子の多型や、ＡＢＯの血液型は、この自然選択が関わっている可能性が示唆されている。だが、実際どの程度までこのプロセスが分子レベルの遺伝的変異に貢献しているかは、よくわかっていない。一方、姿、形、行動など表現形質を支配する遺伝子に関しては、クラークが定式化した負の頻度依存選択が、その変異の維持に関わっていることが、数多くの研究で示されている。

研究者の関心が、遺伝子の構造の理解から、遺伝子の機能や体づくりの仕組みの理解に移り、姿・形の多様性を理解することの重要性が改めて認識されるようになると、負の頻度依存選択をはじめとして、クラークがカタツムリをモデルに姿と形のレベルで見出した進化の仕組みは、再び高く評価されるようになった。

そして木村の受賞から一八年後の二〇一〇年、クラークもまた、ダーウィン・メダルを授与されたのである。

*

今や私たちは、膨大なゲノム情報を短時間で読み取る技術をもち、遺伝子の変異や発現を巧みにコントロールする技を獲得し、形や行動、さらには生態系に至るまで、遺伝子のレベルに還元して、その多様性の作り出される仕組みを理解できるようになった。生命の多様性に秘められたあらゆる謎が解き明かされるのも、時間の問題だ——そう思う人は多いかもしれない。だが、本当にそうだろうか。

分子進化学者であり、かつ地球科学者でもある田邉晶史は、ある記事の中で次のように記している。「現在の生態系は、現在の生態系内で起きている現象の影響を受けているだけでなく、過去に起こったさまざまな現象の影響を引きずってもいるだろう。これは、現在の生態系だけを見ていては、現在の生態系を理解することはできないということを意味する」。

今私たちがもっている情報は、この世界に存在していた情報のすべてではないのである。かつて存在していた情報の大半は、長い地球の歴史の過程で、すでに失われてしまっているのだ。

ところが、もうなくなってしまったものを、巧みに掘り起こして、可視化してみせる人たちがいる。そんなマジックのような技を駆使する人々の中から、生物学への異議申し立てをする者たちが現れた。失われた過去を武器に、適応主義に戦いを挑んだ陣営がいたのである。では次に、中立説の挑戦とほぼ時を同じくして開始された、この戦いの経緯を眺めてみることにしよう。

6　進化の小宇宙

宝石をはめ込んだような青い海に背を向け、砂丘を登って行くと、黒っぽく荒々しい岩が屏風のように立ちはだかっている。岩は昔の砂丘が固結したもので、その表面には、交差する細かい葉理（ようり）が、龍の鱗のような模様を作り出していた。

岩の基部にはえぐれたような窪みや裂け目があり、鉄錆色の土壌が溜まっていた。砂丘が拡大して上を被覆し固結する前の時代に、この地を覆っていた古い土壌だ。その赤茶けた細粒の堆積物に混じって、白っぽい、直径二〜三センチほどの円盤状の貝殻が目に留まる。バミューダ島固有のカタツムリ、ポエキロゾニテス属の化石だった。

ジョン・ギュリックの息子アディソンが、大西洋に浮かぶ孤島バミューダにやってきたのは一九〇三年のことだった。日本で父親からカタツムリについて学んだアディソンは、アメリカに渡った後も、カタツムリの研究を手掛けていた。

バミューダの化石カタツムリを初めて本格的に研究したのはアディソンだった。彼は、過去のバミューダには、現在よりもずっと多様なカタツムリが住んでいた時代があった

図5　ポエキロゾニテス・バミューダエンシス(化石)．左上・左下：ドーム形，右上・右下：そろばん形(幼形タイプ)．東北大学総合学術博物館蔵

ことを突き止めた。特にポエキロゾニテス属の化石は、多くの絶滅したタイプを含んでいた。同じ種でも形が異なり、たとえばポエキロゾニテス・バミューダエンシスは、現生のタイプはそろばん玉のような殻の形をしているが、化石では殻が上下に膨れてドーム状の形をしていた(**図5**)。アディソンは、過去には島が今よりずっと大きく、カタツムリの生息に適した気候の時代があり、その後の環境変化で多くの種が絶滅したのだろうと考えた。

しかしアディソンはまもなく専攻を変えてしまい、その後この研究を続けることはなかった。

それから五六年後、地質学と哲学を専攻するひとりの大学生が、この島を訪れた。調査船の乗員として島に降り立ったその学生は、島のいたるところで見つかるカタツムリの化石に強く心を惹かれる。

この学生、スティーヴン・グールドが、バミューダのポエキロゾニテス属の研究で学位を取得したのは、その一〇年後のことであった。

不連続な進化

フィッシャーとライトの論争は、過去の生物を扱う分野——古生物学にも波及した。それまで地質学の一分野として、記載的な研究や時代遅れの進化観に囚われていた古生物学を、進化の総合説に貢献する理論研究の場として再構築しよう、と考える研究者たちが現れた。その中心を担ったのが、ジョージ・ゲイロード・シンプソンとノーマン・ニューエルである。

シンプソンが取り組んだのは、化石記録が示す形態の不連続性の問題だった。一九世紀にルイ・アガシが主張したように、それは自然選択の考えと矛盾するように見える。どうすればこれを、総合説が想定する、連続的で小さな変化の積み重ねによる進化プロセスで説明できるか。これが、シンプソンの考えたことだった。一部の古生物学者は、「突然変異によって新しい形態をもつ種が飛躍的に進化する」と考えたが、シンプソンはそれには否定的だった。シンプソンは、親しい友人であったテオドシウス・ドブジャンスキーとの交流から、ライトの平衡推移理論を応用することを思いつく。そして一九四四年、彼は生物の性質や形態とその適応度の関係を適応地形図の形で表し、次のように説明した。

同じ住み場所(ニッチ)を占めている場合には、多少環境が変わっても、生物の性質は適応の峰の位置に達したまま変化せず、「進化的な停滞」が生じる。しかし新しい環境に進出した時などにごく小さな集団に隔離されると、遺伝的浮動の効果で、性質の位置は谷を越えて、別の適応の峰へと急速に移行する。これは、時間の解像度が粗い化石記録では、ある形から別の形への不連続的な変化として観察されるだろう。

こうしてシンプソンは、連続的な進化のプロセスでも、形態進化の速度が大きく変わりうること、また不連続的な進化が化石記録で観察されうることを示した。

シンプソンは、種より上のレベル(属や科、目など)の形態の違いを生じる進化(大進化)は、主にこの適応の峰のシフトによって起きると考えた。一方、集団レベルの進化は、主に自然選択による適応のプロセスで進む。つまりもっぱら化石記録で見られる大進化は、小進化と異なるプロセスだと考えたのである。シンプソンは、古生物学が生物学の理論と矛盾しないことを示すだけでは満足していなかったのだ。化石記録という歴史の証拠を武器に独自の進化理論を提案できる分野であること、これが彼の古生物学に対する望みだった。

ただし一九五〇年代以降、適応主義が支配的になるとともに、シンプソンが大進化についてこのような主張をすることはほとんどなくなった。

一方のニューエルは、総合説の立役者のひとりであったエルンスト・マイアの影響を強く受けていた。マイアは一九四〇年代、ニューエルやシンプソンと、アメリカ自然史博物館の同僚だった。

一九四〇年代初め、マイアはニューギニアで行った鳥類の調査の経験から、種とは何かという問題に一つの解決策を見出していた。それが現在の私たちにとって最も一般的な種の定義、生物学的種概念だ。これは種を「自然条件の下で実際にあるいは潜在的に互いに交配している個体のグループで、他のグループから生殖的に隔離されているもの」と定義する。そして種を、実体のある生物学的な単位とみなした。

マイアはこの定義に基づき、種分化、すなわち生殖的隔離の進化は、主に地理的隔離によって起きると考えた。このアイデアの先駆者のひとりとしてマイアが挙げたのが、ギュリックであった。またマイアは、ギュリックが着想した進化プロセス――集団から切り離された少数の個体から、新たな集団が創始されることによって新しい性質をもつ集団が進化すること――を創始者効果と呼び、ギュリックをその発想の先駆者とした。

「ランダムに変化する変異に基づく進化理論を構築した最初の、革新的な進化生物学者」――マイアはギュリックを、こう称賛している。

マイアは、ギュリックの創始者効果による進化のモデルに自然選択の効果を取り込み、「周縁隔離種分化」というモデルに発展させた。このモデルでは、一つの種の分布域の周辺部で、地理的に隔離されたごく小さな集団が種分化を起こすと考える。元の集団に対し、創始者集団の遺伝的組成にはランダムな偏りがあるので、その偏った遺伝的環境の下で、有利な関係をもつ遺伝子が適応進化により定着する。その結果、元の集団との間に、交配を妨げるような大きな遺伝的な違いが生じ、生殖的隔離が生じる。マイアはこれを「遺伝的革命」と呼んだ。このモデルに従うと、種分化は大きな集団では起こりにくい。ごく小さな集団が隔離された時にだけ起こるのである。

さて、ニューエルは、古生物学が進化生物学に貢献するうえで最も大きな障害の一つは、「種」である、と考えていた。化石の種は形態の違いに基づく形態種であって、マイアの定義する生物学的種とは異なるのだ。加えて、生物学的種は異なる時代の集団には適用できない。そこでニューエルは二つの解決策を考えた。

第一は、化石記録に集団の概念を取り入れることだ。同じ地層から産出する化石個体が示す変異の統計学的な分布から、集団を認識するのである。そして、同じ時代の集団が示す地理的な分布や、異なる集団が共存するかどうかを調べて生殖的隔離の有無を判断するのだ。時間軸だけでなく、水平軸の情報が重要なのである。ニューエルは、生物学的種に時間軸を入れて、化石と現生のいずれにも適用できる、より包括的な種の概念をつくることが必要だと考えていた。とはいえ現実には、それは容易なことではなかった。

そこで第二の解決策は、化石記録では「種」を使わない、というやり方だ。属や科を使うのである。これらのカテゴリーなら、区別の基準は生物学とさして変わらない。そこでニューエルは、一九五〇～六〇年代にかけて、属や科の多様性が古生代以降、どのように変化してきたかを定量的に調べた。そして、二畳紀末と白亜紀末に、地球上で大規模な絶滅が起きたこと、その原因は何らかの大きな環境変動であること、そして大量絶滅のあと、生き残ったもののなかで多様性が回復したことを明らかにした。

ニューエルは、生物相の変化には、大量絶滅にみられるような劇的な変化があることを強調した。このような歴史的な過程は、生物学ではわからないのだ。ニューエルもやはり、古生物学は化石記録——歴史を武器に、独自の進化プロセスを提案できる分野であるべきだと考えていた。そしてその最も有望な活躍の場は、このようなマクロなレベルの現象だろうと考えていたのである。

こうして、進化をテーマに据えた古生物学の胎動を背景に、コロンビア大学に移ったニューエルの指導の下、グールドはバミューダの化石カタツムリの研究を進めていた。

適応主義者グールド

驚くべきことに、若き日のグールドにとって、ギュリックは忌まわしい悪魔であった。

ポエキロゾニテスを研究していたころのグールドは、ギュリックを激しく嫌い、敵視していたのである。当時彼が発表した論文の一つ――ポエキロゾニテスの形態変異が、土壌環境への適応の結果であることを示した論文――は、こんな皮肉たっぷりの書き出しで始まる。「ダーウィニズムの正当さに対して、カタツムリが悪魔の代弁者を演じて以来、およそ一世紀になる。代弁者＝ハワイマイマイ、悪魔メフィスト＝他ならぬギュリック牧師」。

このころのグールドは、徹底した適応主義者だったのである。彼にとってギュリックは、不適切な証拠から非適応的な進化の主張を行ったばかりでなく、信仰による偏見によって適応進化という科学的事実をゆがめた、許しがたい存在だったのだ。グールドはいくつかの論文に加えて、自分の学位論文の中でも、主旨とはまるで無関係にギュリックの宗教的偏向に対する批判を加えるほどだった。

本書では触れなかったが、ギュリックの宿命論に対する態度や学習を介した進化の主張には、確かに信仰に基づく要素が認められる。だが、ハワイマイマイのランダムな進化の主張を、信仰心による偏見のせいと見なすのは、ロマネスとの間で交わされた手紙などの資料から判断して、かなり無理があるように思われる。

なにより皮肉なのは、これからおよそ一〇年後、グールド自身が悪魔メフィストと化して、カタツムリを使い、ダーウィニズムに対して悪魔の代弁者の役回りを演じるようになることだ(さらに付け加えれば、そのためにグールド自身が、「政治的偏向によって科学的事実をゆがめた」と批判されたこともだ)。

さて、本題に移ろう。

グールドがポエキロゾニテスでまず行ったのは、形の法則性を紐解く研究だった。幼貝の段階から成貝まで、殻の螺塔(らとう)の高さと幅を、それぞれ対数にとってプロットすると、両者の関係がきれいな直線に乗るのである。このように体の各部が、ベキ乗の関係に従いつつ、異なる速度で成長することを相対成長(アロメトリー)という。グールドは一九六六年に相対成長についての総説論文を発表し、相対成長を定義づけるとともに、相対成長が適応の結果であること、また相対成長に従う変化により、新しい適応的な機能が獲得されうることなどについて解説した。

「進化の小宇宙」と題されたグールドの学位論文は、このような形態解析を駆使して、三〇万年の間にバミューダで起きたポエキロゾニテスの進化パターンを推定したものだった。そこで起きていたのは、奇妙な進化だった。子供の姿のまま大人になって成熟するタイプが進化していたのだ。

祖先の幼体の特徴が、子孫の成体の特徴であるような場合、これを幼形進化と呼ぶ。ポエキロゾニテス・バミューダエンシスでは、祖先の成体はドーム形の殻をもち、幼体はそろばん形の殻をもつ。この幼体の特徴が、成体になっても失われず、そろばん形のまま成熟するタイプが、二つの系統で独立に繰り返し、氷河期が訪れるたびに進化していたのだ。

幼形タイプは、中間的な形を経ることなく、氷河期にいきなり出現して、氷河期が終わると絶滅した(ただし最終氷期を除く)。一方、ドーム形のタイプは、最終氷期末まで島の広い範囲に存続した。

幼形タイプは殻が薄いのが特徴である。そこでグールドは、「土壌中にカルシウムが欠乏しやすい氷河期の環境に適応した結果、幼形タイプが進化した」と考えた。気候変動と環境への適応のために、この平行的な幼形進化が繰り返し起きた、と結論したのである。

グールドはこうした結果から、学位論文の中で次のように結論した。環境への適応が形態進化の主因である。ただし、進化の歴史が示すパターンは、現在の短い時間に集団レベルで観察される進化パターンを延長したものではない。そして、進化の歴史が示すパターンの規則性、たとえば同じ変化の繰り返しから、歴史に法則性と一般性を見出しうると。

断続平衡説

古生物学の「革命」を目論んで、トマス・ショップが若手の古生物学者を集め、アメリカ地質学会でシンポジウムを開いたのは一九七一年のことだった。分類・記載でもなく、単なる地質学でもない。化石から生物進化の問題に取り組む、理論と実証の研究分野としての古生物学（パレオバイオロジー）を創設しよう。そんな野望を実現させるためだった。

ショップは、ハーバード大学に職を得ていたグールドに声をかけた。シンポジウムの講演と、論文集に掲載する論文執筆の依頼だった。グールドはショップの依頼をいちおう承諾したものの、少し難色を示した。依頼されたテーマが「種分化」だったからだ。種分化はグールドの研究テーマではなく、話すものがなかった。だが、彼が得意とする形態進化のテーマは、すでにデビッド・ラウプに決まっていた。ラウプは、巻貝の形を三個のパラメーターで記述するモデルをつくり、計算機シミュレーションを駆使してモデルと現実の形を比較した研究で著名だった。やむなくグールドは、コロンビア大学時代のニューエルの研究室の後輩、ナイルズ・エルドリッジに声をかけ、エルドリッジとの共同研究として発表することにした。

エルドリッジは、古生代の三葉虫の形態進化が、不連続的なパターンを示すこと、そしてそのパターンがマイアの周縁隔離種分化のモデルで説明できることを、論文として発表したところだった。

そこで、論文はエルドリッジが書き、講演はグールドがすることになった。エルドリッジは、自分の研究結果にポエキロゾニテスの不連続的な進化を加えて、原稿を完成させた。もっともその原稿は、後でグールドが書き直し、エレガントな表現を散りばめて、目を引く印象的な論文に仕立ててしまったのだが。

この一九七二年に公表された論文で提唱されたのが、「断続平衡説」である。それはこんな主張だった。

新しい種はゆっくりと連続的な変化によって生じる、という漸進説の見方が、従来の古生物学では支配的であった。しかし、もしマイアの周縁隔離種分化が一般的なら、新しい種は小さな集団で遺伝的革命によって急に進化するので、種分化の起きる場面は化石に残らない。だから進化は、変化のない長い安定な平衡状態が、急速な種分化によって分断され、別の安定な平衡状態に移るような、不連続的なパターン、すなわち断続平衡になるはずだ。化石記録は漸進説よりも、この断続平衡の見方のほうがよくあてはまる。化石記録に不連続な形態変化がみられるのは、化石記録が不完全で信用できないからではない。それが実際の進化パターンなのだ。

彼らは、急激な周縁隔離種分化のときに、遺伝的革命によって、生殖的隔離の進化と形態進化が同時に起きると考えた。だから化石記録にみられるような、形が長期間変わらず、他と不連続で、はっきり区別される種は、生物学的種に一致することになる。

さらに彼らは、断続平衡のもとでは、変化は種分化のときだけ起きるので、種より上のレベル（属や科、目など）の形の違いや多様性を生じる進化（大進化）は、ランダムな地理的隔離による種分化とランダムな絶滅で説明できる、と指摘した。そしてそれを、ライトの遺伝的浮動を種レベルに拡張したもの、と表現した。

「断続平衡説は、古生物学から提唱する独自の進化理論である」――彼らはそう強調した。

前述のシンプソンとニューエルの研究を思い出してほしい。そこで明らかなように、断続平衡説は実質的に、シンプソンとニューエルの着想を融合し、彼らが抱いていた夢の実現を狙ったものであった。

パレオバイオロジーの野望

それから五年後、再び断続平衡説の論文が登場した。今度はグールドの主導だった。その主張には、ちょっとした変化があった。「断続的な進化観」の提唱である。断続平衡説を拡張し、進化は一般的に不連続的なものである、と主張したのだ。

その仕組みに、発生学的なプロセスや、形に大きな変化を引き起こす突然変異の効果が加わった。ポエキロゾニテスの幼形進化がその例だ。発生の過程で形の発達のタイミングを遅らせたり、あるいは逆に速めたりするような遺伝子が変異することで、非常に大きな形の変化が起きるというのである。一方、形が長い間変わらないのは、形づくりに発生学的な制約があり、変化できないからだという。

こうした考え方の変化は、グールドたちが論文の中で重要な例として紹介した研究に見ることができる。その一つが、後述の速水格が行った、海産二枚貝・ヒヨクガイの進化の研究である。速水は現生のヒヨクガイ集団に、殻の形が大きく異なる二型がある(図6)ことに注目し、その比率が時代とともにどのように変化するかを、第三紀・鮮新世以降の化石を使って調べた。すると、一方の型が五〇万年前(後期更新世)にいきなり出現し、その後頻度を増していったのである。

この二型は、現生集団の情報がなければ、別種と認識されるほど形が異なっている。そこで速水は、「化石記録にみられる断続的な形態進化は、このような〝跳躍的な形の変化を伴う突然変異が起き、集団中でその変異型の頻度が増してゆく〟という過程で説明できるのではないか」と主張したのである。

これに対しグールドたちは、速水の主張は「厳密には断続平衡説のモデルとは異なる」としつつも、「断続的な進化観には合致しており、その意味では断続平衡説を補完するものである」と説明した。

しかし、本当に化石記録に漸進的な進化はないのだろうか。彼らの答えは「ない」だった。それまで漸進的とされてきた例は、ことごとく断続的な進化を見誤ったものだというのである。いや、一つだけ例外があった。グールドたちが唯一、「漸進的な進化の例」と認めた研究があった。それは、速水の学生であった小澤智生が示した、古生代・二畳紀のフズリナ(殻をもつ原生動物である有孔虫の一群)の連続的な進化である。ただし、これに対する彼らの説明は、「断続平衡のプロセスは多細胞生物を想定している、だから有孔虫のような単細胞生物の進化は漸進的であってもよい」というものだった。

図6 ヒヨクガイの二型．速水格採集標本，中井静子氏の厚意による

彼らがこの不連続的な進化観に基づいて強調したのは、種より上のレベル(属や科、目など)にみられる形の違いや多様性の進化(大進化)にはたらくプロセスは、種よりも下のレベルではたらく小進化のプロセス――自然選択と遺伝的浮動――とは別であり、もっぱらランダムなプロセスである、ということだった。彼らは種を遺伝子に、種分化を突然変異になぞらえた。突然変異と遺伝的浮動によって集団の遺伝的変異がランダムに変化していくように、ランダムな地理的隔離による種分化とランダムな絶滅によって、系統ごとに種構成がランダムに変化していく。もとは一つだった異なる集団の

遺伝子構成に、ランダムな変化によって大きな違いが生じるように、もとは一つだった異なる系統の種構成に、ランダムな変化によって大きな違いが生じる。形の変化は種分化の時にしか起こらないので、種構成の違いは形の違いになる。こうして系統間の形の大きなギャップ、つまり属や科の特徴が進化する、と考えたのだ。

断続平衡説の論文が浮き彫りにしたのは、進化学に革命を起こそう、というパレオバイオロジーの野望であった。ショップやラウプら「革命の闘士」たちが次々と、大進化をめぐる研究成果を発表した。どれも小進化とは別のプロセス――ランダムな種分化とランダムな絶滅の効果を重視した研究だった。グールドは革命の闘士たちとともに、「長い時間スケールのもとでは、種と種の関係に優劣はなく、互いに中立である」と仮定することで、大進化を説明しようと試みたのである。

一方、この断続的、中立的な見方と対立する仮説も現れた。その代表が、リー・ヴァン・ヴェイレンの「赤の女王仮説」だ。ヴァン・ヴェイレンは、一九七三年に発表した論文で、実は地質時代を通して、絶滅率はほぼ一定だったと主張した。そしてこの「絶滅率一定の法則」をもたらしたのが、生物種間の捕食―被食などの闘争が推進する、絶えざる適応進化だと考えた。ある種の適応度が変化すれば、必ず他の種に影響する。この闘争の中で、適応的な性質を進化させた種は生き延び、それができなかった種は絶滅したというのである。ヴァン・ヴェイレンはこの仮説を、「鏡の国のアリス」に登場する赤の女王のセリフ、「同じ場所にとどまるためには、全力で走り続けなければならない」になぞらえ、赤の女王仮説と名づけた。

しかしなぜこの極端な適応主義的プロセスが、ほぼ一定の絶滅率をもたらすのか。ヴァン・ヴェイレンの考えは、「絶対的な勝利者はいないから、勝者はいずれ追随者に倒される」というものだった。

だが、まもなく赤の女王仮説は、ラウプとその学生によって倒されてしまった。ヴァン・ヴェイレンが求めた絶滅率のパターンは、化石記録の不完全性を反映したものであることを、示されてしまったからである。後にヒーラット・ヴァーメイが、捕食—被食の関係が、中生代以降の生物群集の変化を推進する重要な要因であったことを明らかにするまで、この独自の適応主義的な見方はあまり支持されなかった。

転　身

パレオバイオロジーの闘士たちを率いるグールドの主張は、さらにヒートアップした。ついに、適応主義とそれに染まった総合説に攻撃を加え始めたのである。一九七八年、ケインやクラークら適応主義者が集結した英国王立協会の講演会と、その翌年に発表した論文でグールドらは、「自然選択による適応だけでは、生物の形や行動は説明できない」と宣言した。さらに、還元主義的な考え方――形をまず構成要素に分解し、各要素を適応で説明することで、全体の形も説明できるという考え方――では、生物の形は説明できない、とも主張した。時計を分解して、部品の一つひとつ、歯車の一つまでその役目を理解しても、時計の形の意味はわからない、というわけだ。形はさまざまな要素を統合した全体として理解されなければならない、というのがグールドの考えだった。

生物の形は、必要とされる機能に対して最適なものにデザインされているわけではない、とグールドは強調する。自由に、最適な形へと変化できるわけではないのだ。なぜなら、形は祖先がたどった進化の歴史と、個体がたどる発生の経路によって、制約されているからだ。形づくりにみられるルール、たとえば相対成長がその例だ。ほかに構造上の制約もある。たとえば、使うことのできる素材が何かによって、できる形は制約を受けざるを得ない。形づくりは幾何学あるいは物理的な法則に従うから、幾何学的、物理的に存在しえない形は作れない。

そもそも形が機能的だからと言って、その機能に対する適応の結果とは断定できない。その比喩としてグールドが持ち出したのが、サン・マルコ大聖堂のスパンドレル（アーチとアーチの間にある三角形の空間）だ。そこには美しい装飾が施され、絵が飾られている。だが、その空間は装飾のために造られたものではない。それはアーチとアーチをつないでその上にドームを造るという建築上の必要性から生まれた空間なのである。また、形には何の機能ももたず、適応とは無関係なものもある。その例の一つとして幼形進化を挙げ、こう記した。「世代時間を縮めたことの副産物に過ぎない幼形的な形自体に、適応的意義を探すなど馬鹿げている」。

さらにグールドは、適応主義の考え方自体を痛烈に批判した。自然選択以外の要因も否定しないと言いつつ、実際にはすべてを自然選択で説明しようとする適応主義のやり方、これは一九世紀のアルフレッド・ウォレスから始まった誤りである、と。論文の中でグールドは、ウォレスに対するジョージ・ロマネスの批判を引用して、適応主義を攻撃した。

「ウォレス氏は自然選択以外の説明もありうるとしながら、実際には自然選択以外を一切認めない」

その批判は、ギュリックの盟友であったロマネスが、ギュリックに代わってウォレスに叩きつけたものだった。適応主義の正義を信じていた若き日のグールドにとって、ギュリックはそれを脅かす悪の権化だったはずなのだが。まるで正義の騎士アナキン・スカイウォーカーが、暗黒面に落ちてダース・ベイダーと化すのを見るような、見事な転身であった。

細長いカタツムリ

適応主義を攻撃するためにグールドが使った武器は、カリブ海の島々に住む細長い弾丸のような姿のカタツムリ、セリオンであった。

適応よりも偶然の歴史が重要であることを示すために、選んだテーマの一つはエリア・エフェクトだった。

バハマ諸島のセリオン属の一種を調べていたグールドは、環境の違いと無関係に、ある場所を境として、細長いタイプが急にずんぐりした形のタイプに移り変わることに気づいた。それはアーサー・ケインが自然選択で説明しようとした奇妙な地理的パターン、すなわちモリマイマイの模様が示すエリア・エフェクトと同じ地理的パターンだった。

化石を調べたグールドは、そのずんぐりしたタイプが、実は過去にこの地域にいた別の種との交雑によってできたものであることを突き止める。形の地理的変異は、環境への適応ではなく、たまたま起きた別の種との交雑の歴史を反映していたのだ。もっと厳密に言えば、別の種で起きた進化の結果が、過去の偶然の出会いと交雑によって、こちらの種に移動したのである。

エリア・エフェクトが作られる仕組みには、今はたらいているプロセス、つまり自然選択の効果よりも、偶然の歴史が及ぼす効果のほうが大きい。これがグールドの結論だった。グールドは、ブライアン・C・クラークの自然選択の効果だけを用いたエリア・エフェクトのモデルを批判し、いま観察できるプロセスだけでは、歴史の産物でもあるエリア・エフェクトは説明できない、と指摘した。

次は別の非適応的な仕組み、形を支配する物理的・幾何学的なルール(制約)の効果である。たとえば結晶の形を決める物理的なルールや、「正方形を等分割して得られる小さな正方形の面積と数は反比例する」というようなルールだ。後者は幾何学的なトレードオフと呼ぶべきかもしれない。グールドは、セリオンが示す形の変異には、単にこのようなルールで説明できるものが多いと主張する。

たとえば、殻の巻き数の変異である。カタツムリの殻が成熟するまで何回巻くかは、種が違えば大きく変わるし、同じ種の中でも変異がある。巻き数の違いは、殻の強度や貝の動きやすさなどへの適応で説明されることが多い。だが、グールドは、セリオンでは巻き数自体に適応的な意味はない、という。それは殻の別の特徴の変化、たとえば体サイズや胎児殻のサイズの変化(これ自体は適応の結果かもしれない)の副産物だというのだ。

蚊取り線香のような渦巻き——螺旋を考えてみよう。同じ渦の巻き方のまま、全体の直径が大きくなれば、巻き数は当然多くなる。一方、全体の直径が同じで、中心の巻き始めの部分の直径だけが小さくなっても、やはり全体の巻き数は多くなる。セリオンの巻き数も、これと同じ仕組みで変わるというわけだ。

この単純な物理・幾何学的なルールに、形づくりのルール(発生的制約)の効果が加わると、非常に大きな形態のギャップ――飛躍的な形態の変化が生じうる。

ここで注目する形は、殻の高さである。カタツムリには、セリオンやハワイマイマイのように背が高い塔形の殻をもつものと、ポエキロゾニテスやモリマイマイのように平たい殻をもつものがある。ところが、その中間的な形の殻、つまり高さと直径がほぼ等しい殻をもつ種類は非常に少ない。形の分布に大きなギャップがあるのである。

ケインは、重力下で殻を背負うことへの適応でこれを説明した。垂直面では細長い殻のほうが重力に対して荷重がかからず有利になり、水平面では逆に平たい殻のほうが、荷重がかからず有利になるだろう。それで二極化するというのである。実際ケインによると、平たい殻をもつ種は地上の水平な場所で活動し、細長い殻をもつ種は木の上や壁面のような垂直面で活動する傾向があるという。

グールドは、この二極分布の問題を直接扱うことはなかったが、このような殻の高さの大きな違いが、適応ではなくて物理的・幾何学的な制約と発生経路の制約によって生じると主張した。

セリオンでは、「殻の巻き数が増えると殻が細長くなる」という相対成長の関係がある。一回巻くごとに、殻が横方向よりも縦方向にずっと大きく伸びていくからである。だから単純に体が大きくなるだけで、巻きの幾何学のルールによって殻の巻き数が増え、形づくりのルールによって殻が細長くなるのである。一方、同じ巻き方のまま体が小さくなると、縦方向の伸びは変わらないために、同じ数だけ巻いたときには、やはり細長い殻ができあがる。

巻き数（あるいは体サイズ）と形はベキ乗の関係にあるため、わずかに大きさが変わっただけで、形は大きく変化する。だから体サイズの少しの変化で、飛躍的な形の違いが生まれるのである。グールドは、このような体の大型化や小型化の結果、極端に細長い煙突のような姿のセリオンが何度も進化したことを示した。

重要な点は、その細長い形自体には、適応的な意味はないということだ。形を要素に分けてもわからない、要素が互いに関わり合った全体として考えなければならない、というわけだ。

猛反撃

「マイアによれば、総合説においては、あらゆる進化は小さな変異の積み重ねであり、大進化は小進化の延長に過ぎない……もし総合説がマイアの説明通りのものであるなら、それは一般命題としては事実上死んだも同然である」

グールドは一九八〇年の論文で、こう宣言した。総合説への宣戦布告である。だがこれを見て、とうとう生物学者たちが立ち上がった。猛反撃を開始したのである。ついに論争が火を噴いた。

同じ年の秋、シカゴで行われた大進化を巡るシンポジウムは、進化生物学者とグールド率いる古生物学者の激戦の場となった。

批判は断続平衡説と発生的制約に集中した。

「このような奇抜な考えが、なぜ支持できるのか全く理解できない」「あたかも総合説に対立するかのように言っているけれど、その考えはもう二五年も前に、私が総合説の著書の中で書いている」等々。

それは感情的な対立さえ引き起こすものだった。シンポジウムに参加したひとりの遺伝学者は、その印象を次のように記した。

「四〇年前、ダーウィンの新しい支持者たち(フィッシャーやライトやマイアたち)は進化のスポットライトを古生物学者たちから奪い取った。このシンポジウムは話のうまい一部の化石好きが、注目を取り戻そうとして始めたものらしい。だがあいにく、彼らの話にはデータもなく、目新しさもない」

総合説が昔から想定してきたプロセスばかり、何も新しくない——こうした批判に対してグールドは、一九五〇年代以降、適応主義の勝利により、他の多彩な考え方が排除された歴史を引き合いに、「確かに昔からある考えかもしれないが、この数十年、総合説はずっと適応主義に導かれていた」と反論した。

シカゴの論戦以降、集団遺伝学者や進化生態学者による批判はさらに高まった。非適応的な進化や発生的制約の主張に対する反発は強かった。形が長期間変化しないのは、発生的制約のためではなく、形を変える遺伝的変異が常に自然選択によって除去されているからだ――こうした批判に対して、グールドはセリオンの証拠を集めて対抗したが、遺伝学的な裏づけを欠いたために、劣勢は免れなかった。

グールドを最も厳しく批判したひとりはケインだった。英国王立協会の講演会でグールドが、「カタツムリの殻の模様は、化学反応と偶然の産物に過ぎず、それ自体に適応的な意味はない」と説明すると、直後に登場したケインは、それがことごとく適応の結果であることを示したあげく、グールドを「マルクス主義者」と糾弾した。

種分化率と絶滅率の違いで大進化を説明するモデルも「奇妙な考え」と見なされた。種のレベルの話を持ち出さなくても、個体や遺伝子の変化を考えるだけですべて説明できるというのだ。

彼らの「革命」の核心をなす理論であった断続平衡説も痛烈な批判を浴びた。批判は他の古生物学者からも湧き起こった。論点は多岐にわたる。

「そもそも断続平衡説に対立するという漸進説は、グールドたちがつくりだした架空の立場——わら人形だ」「漸進的な進化の事例も多い」「種分化と形態の分化が起きるタイミングが一致するとは限らない(実はセリオンが一致しない例だ)」等々。マイアは、断続平衡説は自分が先に提唱したものだ、と主張した(だからあまり批判しなかった)。

その後、種分化のプロセスについて研究が進むと、周縁隔離種分化が想定するような小さな集団での種分化は、一般的でないことがわかってきた。「遺伝的革命」は、証拠が得られず、理論的にも難点が指摘され、周縁隔離種分化は支持を失った。その結果、断続平衡説も、理論的な基盤を失ってしまった。ついにグールドは、当初の断続平衡説が想定したプロセスは不適切であったことを認める。

結局、たくさんの批判を受けて、断続平衡説は、プロセスにはこだわらないパターン論へと変質した。変化のない時期と、相対的に急な変化の起きる時期で特徴づけられる、断続的な変化のパターンが進化において一般的であるとする説、これを断続平衡説と呼ぶようになった。仕組みのモデルでなくなった時点で、進化理論としては終わりである。事実上の終戦であった。

偶発性

しかしグールドは、適応主義との戦いをやめたわけではなかった。進化の偶発性を武器に、新たな戦いを挑み続けた。

グールドは、地球上で繰り広げられた生命の進化を動画に喩え、もしカンブリア爆発の時代まで巻き戻し、現在まで再生させたら、そこには人類は進化していないだろう、つまり人類の進化は偶然なのだ、と主張した。理由は、大量絶滅など、たくさんの偶発的な出来事の連鎖が、進化の行く末を決めるからだという。またその偶発性ゆえに、生物の体づくりの基本構造の多様性は、時代とともにむしろ減ってきたと主張した。偶然起きた絶滅によって、かつては存在した、現在とは異質な構造をもつ系統が失われて、二度と再現されなかったというわけである。ここで再び、偶発性をめぐって、適応主義者との間で激しい論争が展開された。

カタツムリの殻の発生的制約をめぐり、グールドと激しく対立したケインは、適応対偶然をめぐる論争からは遠ざかった。だが代わりにグールドに立ち向かったのは、ケインのオックスフォード時代の教え子だった。

一九六〇年代、オックスフォード大学でモリマイマイを使い、自然選択を実証して偶然――遺伝的浮動の否定に執念を燃やしていたケインは、チューター（指導助手）の一人として学生指導にもあたっていた。後に、当時の学生の一人が書いた本がベストセラーとなるのだが、出版当初、ケインはその本を「若者向けの本」と評していた。その評の妥当さはともかく、グールドとの論争に挑んだその元学生が、その本、『利己的な遺伝子』の著者、リチャード・ドーキンスだった。

グールドとドーキンスの論争はセンセーショナルではあったが、進化学の世界から見ると、ややリング外で行われた論争の観があるので、ここでは割愛する。だがいずれにせよグールドの主張は、それを支持する実際のデータが十分ではなく、劣勢は否めなかった。結局、グールドたちの挑戦は、一九九〇年ごろまでにほぼ終息した。その戦いは、進化学の中で広く支持を得た、と言うには程遠い結末を迎えた。

グールドたちの功績

事の顚末だけ見れば、グールドたちの革命は失敗に終わったと言うべきかもしれない。だが、科学の論争に絶対的な勝利や敗北など、そうめったにあるものではない。かつて倒産寸前だったアップル社が、今や世界の有力企業ベストテン入りを果たしているように、異端とされた仮説も、時代の変化とともに証拠が増えれば科学者の集団で支持されるようになることがある。

二〇〇〇年代になると、かつてグールドが反適応主義のために好んで使っていた言葉を、多くの進化学者が普通に口にするようになった。グールドが主張した歴史、偶然、発生、全体論、そして制約の重要性が、新しい知識の集積によって、ようやく証拠に立脚して語れるようになったのである。それらがずっと昔からあった考えだったとしても、それに新たな光をあてたのは、彼らの功績だった。

現在では、生物がたどった進化の歴史が、その生物の進化を束縛すること(系統的制約)や、複雑な遺伝子間の相互作用のため、形態変化が制限されたり、特定の道筋に方向づけられたりすることが広く認識されている。そのいくつかは、すでに5章に示した通りだ。また、偶然の歴史、断続的な進化観、小進化から独立した大進化の過程という考えは、「環境激変による大量絶滅が、生物の多様性の主要な部分を決定づけた」という、現在広く支持されている進化史の理解につながった。そしてこうした制約や偶発性などの非適応的なプロセスは、分子進化の中立説と同じく、総合説の中に組み込まれた。なにより、今や進化学の一分野として、古生物学が独自の地位を占めるようになっているのは、グールドやパレオバイオロジーの推進者たちの功績であろう。

グールドらが巻き起こした論争は、新しい研究を駆動する推進力にもなった。発生的制約を巡る論争は、進化と発生学を結びつける新しい研究領域、「エボ・デボ(Evolutionary Developmental Biology)」の発展に寄与した。また、断続平衡説論争は、一九八〇年代以降、種分化の研究が大きく進展する契機となった。

グールドたちが断続平衡説の下で考えた、中立な種(系統)のランダムな種分化と絶滅のモデル――「奇妙な考え」と一蹴されたアイデア――についても触れておこう。分子系統学の普及によって種分化の歴史を推定するのが一般的になり、今では生物学者もこれと似たプロセスを想定するようになった。生態学を長年支配していた「競争排除則」の力が弱まったことも理由の一つかもしれない。

二〇〇〇年代初め、それまで競争を多様性の説明原理の中心に据えてきた生態学の領域で、革新的な理論が生まれた。同じ栄養段階にある種と種の関係を、互いに優劣はなく中立である、と仮定して種の多様性や群集の構造を理解しようという、「生態学の中立理論」である。この理論は生態学に旋風を巻き起こし、大きな論争を引き起こした。

中立理論の提唱者スティーヴン・ハッベルは、ある論文の中で次のように記している。

「グールドは生態学の中立理論において最も重要な二つの考えをすでに使っていた……グールドたちは、中立な系統についての研究を通して、中立理論のパイオニアとしての役割を果たした」

＊

だがさて、カタツムリの形にまつわる問題はどうなったのだろう。たとえば、グールドが非適応的な仕組みで説明しようとした、カタツムリの形態変異が示す不連続性だ。

それについては、次の章で見ていくことにしよう。

7 貝と麻雀

スティーヴン・グールドの研究室では、いつものセミナーが行われていた。研究室の床に敷かれた絨毯の上には、学生たちがぐるりと輪になって座り、リンゴを齧（かじ）りながら、議論を戦わせていた。

その日の発表者は日本人だった。速水格である。

速水は、ヒヨクガイの二型が示す進化について説明し、そこから導いた形態進化のモデルを紹介した。学生たちの質問は遠慮がなかった。彼らは自由に意見を交わし、疑義を述べ、速水も負けずに応酬、時折グールドが解説を入れるという、自由で率直な時間だった。

速水がグールドと知り合ったのは一九六八年のことだった。速水が指導を仰いでいたノーマン・ニューエルが、グールドを紹介したのだった。二人はその後も交流を続け、一九七五年、速水はハーバード大学のグールドの研究室に二か月ほど寄留した。グールドは速水を手厚く遇し、一方、速水はグールドの自宅に招かれた折、御礼にと料理の腕を奮い、テンプラを揚げてみせた。

速水は当時のグールドを、「ヤンキースが勝つと子供のように喜ぶ。どこかのドラッグストアで見かけた愛想のよいお兄さんのよう」と記している。

この時、速水とグールドが交わした議論から、一つの研究の着想が生まれた。グールドは自分の研究対象であったバミューダのカタツムリの話をし、「バミューダのように大陸から遠く離れた海洋島で、カタツムリの化石が出るようなところが日本にあれば、進化研究のよいモデルになる」と速水に提案した。速水には心あたりがあった。その数年前、知人が小笠原諸島で地質調査を行い、砂丘に埋まっていたカタツムリの殻を採集してきたのだ。カタマイマイという小笠原固有種だった。知人の見立てでは、そのカタマイマイは更新世の化石ではないかという。バミューダが大西洋の孤島なら、小笠原は太平洋の孤立した島嶼(とうしょ)だ。速水はいずれ小笠原を訪れて、カタマイマイの研究をしようと決めた。

速水 格

速水は戦中から戦後にかけて、疎開先の紀州で少年時代を過ごした。ここで海岸に打ち上げられた美しい貝殻を目にしたことが、速水の貝類に対する愛着を育んだ。それからもう一つ、速水がこよなく愛した麻雀に対する思い入れも、このころに育まれた。

中学で東京に戻ると、友人とともに、本格的に貝類の採集と研究を始める。その基礎は、平瀬―黒田の系譜を引く貝類研究者たちとの交流の中で育まれた。高校生の時には研究者が集まる談話会に参加し、その指導を受けるまでになっていた。

だが、東京大学に進学後は、貝のことをすっかり忘れてしまった。麻雀にのめり込んでしまったのだ。一、二年次（教養課程）には、ほとんど勉強もせず低空飛行の生活。速水は当時を回想し、こう記している。

「ただただ遊び呆けた記憶しかない……起きている時間の半分近くを麻雀とレコードで過ごしていたようだ」

レコードとはおそらく、速水が愛したマーラーのことであろう。

ところが、一九五六年、三年次となり地質学教室に進路が決まると一転、それまでとは別人のように学問に没頭し、化石を通して貝類への愛着を取り戻す。発表論文の多さは、「速見書く」と称されたほどだ。

そして一九六一年、速水は中生代の二枚貝化石の研究で学位を取得した。ちょうどそのころアメリカから帰国した花井哲郎の話を聞き、研究の方向性が定まる。その話は、ニューエルらが創（はじ）めた古生物学――集団概念を取り入れ、進化をテーマに据えた、新しい古生物学――の胎動を紹介したものだった。

翌年、九州大学に職を得ると、貝化石をモデルとした進化研究に着手する。野外調査、試料の処理や解析、それから休日に少々麻雀を嗜む以外は、理論研究としての新しい古生物学の実現を巡って、深夜まで学生たちと議論を戦わせる日々だった。

そのころの速水に、決定的な影響を与えた本があった。それは偶然、書店で手にしたものだった。著者は駒井卓である。速水はそれを契機に、駒井の著書や論文を次々と渉猟した。速水が駒井から受けた感銘は非常に大きく、駒井にあやかり自分の息子に「卓」と名づけるほどだった。

駒井が行ったテントウムシの遺伝の研究から着想したのが、一九七三年に発表したヒヨクガイの二型の研究であった。ヒヨクガイは、ホタテガイなどを含むイタヤガイ科の一種である。速水は、この二型が示す遺伝子頻度の時間変化を化石記録から解明した。さらに速水はそのデータをもって、国立遺伝学研究所に木村資生と太田朋子を訪ね、彼らの助言をもとに、その二型にはたらいている自然選択を検出した。ただし推定された自然選択はごく弱く、木村は中立的な進化の可能性も指摘したという。

同年、速水は九州を去り東大に移った。

グールドとの交流は、「なぜ形の大きな違いや不連続性が生じるのか」という疑問に対する、速水の強い関心を呼び起こした。ちなみに、「断続平衡説」という訳語をつくったのは速水である。ただし、速水は当初の断続平衡説には疑問を抱いていた。ヒヨクガイがそうであるように、種分化と形の変化は一致しないことが多いからだ。

むしろ速水は、適応か非適応か、部分か全体か、というような二分法的なものの見方では問題は解決しないと考えた。形のギャップの問題を理解するためには、グールドの非適応的進化の主張と適応主義的な進化観が両立するような、多面的な見方をとることが必要だと考えたのだ。そしてどの仮説が妥当かは、適切な解析や実験によって確かめられねばならない。速水が重視したのは、形に対する物理学的な理論解析と実験だった。

速水は、形に大きな変化を生じさせる要因として、二つの可能性を考えていた。

一つめの要因は、物理的・幾何学的な制約の効果である。これは、グールドが考えた非適応的な進化要因の一つでもある。たとえば、イタヤガイ類の殻表面の微細彫刻が示すパターンの大きな違いは、幾何学的な規則性を反映したものである。これを速水は実際に計算機シミュレーションを使って示してみせた。また、一定のルールに従って成長する生物では、特定の成長の仕方以外は体のバランスや生息姿勢を物理的に保てないことがある。この場合、成長の仕方を連続的に少しずつ変えていくと、形がもつ幾何学的な仕組みのため、ある段階で不連続的に別の姿になる。速水の学生であった岡本隆が計算機シミュレーションで示した、中生代・異常巻きアンモナイトの進化——スプリングのような形のユーボストリコセラスから、蛇行しながらボールのような形に巻くニッポニテスへの飛躍的な進化——は、その例だ。

速水が重視した二つめの要因は、一つめとは対照的に、適応的なプロセス——戦いにまつわる適応戦略の変化である。ヴァン・ヴェイレンやヴァーメイが支持した進化観だ。速水は、イタヤガイ科の仲間が捕食者から逃れるために、二つの戦略を採ったことを、化石を使った流体力学的な実験と数値計算によって示した。一つは殻を薄く軽くして、泳いで逃げる「遊泳戦略」、もう一つは、柔らかい堆積物中に氷山のように身を沈めて横たわり、攻撃されても壊されないよう、殻を極端に厚くして身を守る「氷山戦略」である。殻が厚くて重ければ泳げないので、この二つの戦略は両立しない。したがってイタヤガイ科の適応戦略のシフトは、中間段階を経ながらも急速に進んだと考えられる。

速水はこうした適応戦略の変化を、歴史と結びつけた。大量絶滅の時期を除けば形の大きなシフトや適応戦略の変化を進めた要因は、食う—食われる(捕食—被食)の関係に生じた歴史的な変化だ、と考えたのである。時代が進むにつれて新しい捕食者が出現、捕食圧が高まっていき、それが被食者に新しい進化を引き起こすのである。速水の研究成果は、たとえば、ヴァーメイの中生代の海洋変革の仮説——中生代以降、海洋生態系で捕食者が増加した結果、群集構成が変わるとともに、被食者の防御戦略や形態が大きく変化したという仮説——とよく符合していた。この進化観の下では、攻撃と防御のプロセスが新しい性質の進化を促す。今の私たちが見ることのできる生物の多様性は、環境激変を生き延びた偶然だけでなく、戦いの歴史の産物という面があるわけだ。

速水は、特定の学説を支持する学派を作ることを嫌ったため、学生が自分と同じ考えをもつことをあまり好まなかった。にもかかわらず形のギャップへの関心と、この戦いの歴史を重視する進化観は、速水の門下生たちが進める研究の一つの核になっていた。たとえば大路樹生は、中生代以降に起きた捕食圧の増大の結果、捕食者に対するウミユリの防御戦略が変化し、大きな形態変化が起きたことを見出した。同じく速水門下の加瀬友喜は、速水とともに海底洞窟の貝類群集を調べ、それが中生代に繁栄した貝類の生き残りであることを突き止めた。天敵のほとんどいない海底洞窟に隠棲するこれらの貝類は、小型化した以外は、中生代からほとんど形を変えていない〝生きた化石〟だった。

さらに加瀬の学生であった狩野泰則を中心に行われた研究から、この海底洞窟の貝類のなかには、口に石灰質の蓋をもつカタツムリの仲間、ヤマキサゴ科の直系の祖先が含まれていることが明らかにされた。シラタマアマガイという、丸い五ミリほどの、文字通り白玉のような姿の巻貝である。中生代、捕食圧が高まった時代に、その仲間の一部は陸上へと逃れ、石灰質の蓋をもつカタツムリになった。海に残った仲間たちの大半は絶滅したが、捕食者の乏しい海底洞窟に、その一部が形を大きく変えることなく生き残ったのである。

このように速水は、捕食—被食の適応戦略と物理的・幾何学的な制約を重視し、実験と歴史から形のギャップの問題を理解しようと試みた。ではこうした速水の進化観や研究手法は、カタツムリの形の進化の問題に、どう関わっているのだろうか。

結論から言ってしまうと、速水が直接カタツムリを手掛けることはなかった。速水は小笠原のカタマイマイの研究を、「とっておきのテーマ」として長年温めていたにもかかわらず、結局自分で手を下すことはなかった。次第に多忙になり、小笠原に行くことができなかったのであろう。それでも、アーサー・ケインに手紙を書いて、大量のカタツムリ論文の別刷りを送ってもらったり、化石ヒヨクガイの調査で立ち寄った奄美諸島の喜界島では、カタツムリの化石を採集したりしているので、機会さえあればグールドに一泡吹かせるために自分もカタツムリを、と思っていたふしがある。

だが、ヤマキサゴ科の起源を解明したのが門下生の学生であったように、速水の進化観を受け継いでカタツムリの問題を解決したのは、その門下生の流れをくむ次世代の研究者たちであった。速水は学派や流派をつくることを好まなかったので、そんなことは期待はもちろん、予想すらしていなかっただろう。だが遠くから俯瞰すると、速水の進化観の痕跡は、数多の後継者を残した古生物学以外にも認められる。その一つが、グールドが光を当て、そして積み残した問題——カタツムリの形が示す不連続性や大きなギヤップ――の謎解きを巡るストーリーだ。

殻の高さの二極化

ケインは適応主義に対するグールドの批判を、「科学に値しない、ただのプロパガンダ」と断じた。形の変異が示すギャップは非適応的な仕組みで説明できる、というグールドがセリオンの研究から導いた主張を、「非科学的」と切り捨てた。「セリオンの形の違いは、異なる生活様式への適応で説明できるのに、グールドはそもそも適応的な要素を探ろうとした形跡すらない」などと、ケインの批判は辛辣だった。

このようにグールドを完全に否定した論文の中で、グールドへの反論、つまり、自然選択によって形の変異に大きなギャップが進化する例としてケインが挙げたのが、巻貝の中でカタツムリだけにみられるパターン――殻の高さの二極化である。6章で説明したように、重力のはたらきのために、地面の上など水平面で活動するには平たい殻が有利である一方、木の幹や岩盤など垂直面では塔形の殻が有利で、中間的な高さの殻はどちらにおいても不利なので、野外には中間型の種がほとんど存在しない、というものだ。

さてこのギャップは、ケインの言うように適応の結果なのか、それともグールドの言うように、形づくりの制約を意味しているのか。

この問題に挑んだのが岡島亮子であった。速水門下生の下で学んでいた岡島は、速水の流儀に従い、実際にカタツムリに対して物理学的な解析を行って、ケインの仮説を確かめることにした。殻を背中に背負う荷物に見立て、荷物をどのような形にして、どのように背負うのが一番楽かを計算したのだ。岡島は、まず重力下で殻にかかる荷重を求め、カタツムリが殻をどのような角度に傾けて背負うと、最も楽に背負えるかを計算した。すると、殻の形から計算された最適な角度は、活動中のカタツムリから測定されたその角度とほぼ一致した。

次に、カタツムリがどんな形の殻をもつとき、最も荷重がかからず、エネルギーを使わずに楽に背負えるかを計算した。結果は意外なものだった。水平面を這っているときは、ケインの予想通り平形の殻が最適となった。ところが垂直面を這うときは、平形の殻と塔形の殻が、ともに最適となったのである。そこで、逆に最も荷重がかかり、背負うのに苦労する殻の形を求めたところ、それは高さと直径の比が一・四の殻となった。もし、殻の高さの二極化が、重力環境に対する適応の結果だとするなら、野外のカタツムリでは、高さと直径の比が一・四の殻をもつ種が最も少なくなるはずである。

そこで、あらゆる種類のカタツムリで、殻の高さと直径の比を求めたところ、最も少ないのは、高さと直径の比が一・二の殻をもつ種となった。次に殻の大きな、より重力の影響を受けやすい種に限定すると、高さの変異はさらに明確な二極分布となり、その谷の部分、つまりほとんど存在しない種の高さと直径の比は一・三となって、理論的な予測値である一・四とほぼ一致した。

カタツムリの殻の高さの変異が示すギャップは、ケインの予想通り、重力環境への適応を示すと言えそうだ。だが、話はケインが考えていたほど単純なものではない。垂直面では、平たい殻も塔形の殻も、同じように機能的な形だからだ。他の条件が同じならば、垂直面では平たい殻と塔形の殻に優劣はなく、中立ということになる。平たい形になるか、それとも塔形になるかを決めるのは、偶然であってもよい。

ロバート・キャメロンは、一般向けにカタツムリの話を紹介した著書のなかで、この岡島の研究結果を、美しいグラフを添えて紹介した。もし、グールドに速水が出会うことがなかったら、岡島の研究がこの本に登場することはなかっただろう。また一方、ケインに出会うことがなければ、キャメロンはこの本を書くことはなかっただろう。なぜなら鳥類の研究者になる予定だったキャメロンを、カタツムリの研究に転じさせたのは、たまたま出会った師、ケインとのたった四五分間の会話だったからだ。出会いと諍(いさか)いは、いずれも新しい研究の推進力である。

多面的に考える

もちろん、殻の形に影響するのは重力だけではない。多面的に考えることが必要だ。たとえば殻の頑丈さ。極端に平たい殻や、極端に細長い殻はもろい。だから進化する条件は限られる。また、殻を楽に背負うことよりも、這うスピードが重要な場合は、平面でも細長い殻のほうが有利になりうる。

乾燥に対する耐性も、殻の形と関係する。だが、その関係は複雑だ。表面積と体積の関係、それから殻の口(殻口(かくこう))の面積、口を有肺類のように薄い膜で閉じるか、ヤマキサゴ科のように蓋で閉じるかでも、条件は変わってくる。

住み場所の影響も大きい。たとえば石灰岩の割れ目に住む種は、扁平な殻をもつことが多い。これは、石の狭い隙間に潜り込むうえで有利だからと説明されている。殻の形は、休む時に付着する物にも影響される。付いている物から体が外れるのは大きなリスクだ。殻口が大きい個体は、物に付着している部分の面積が大きくなるので、付着力が強いと思われがちだが、必ずしもそうではない。

カタツムリの代わりに、もっと単純な形のカサガイの仲間を使ってこれを確かめた研究がある。海岸に住むツボミガイには、殻口が小さくやや背の高い円錐形のタイプと、殻口が大きい傘形のタイプがある。速水の学生だった中井静子は、殻口の大きさと付着力の関係が、付く物の形でどう変わるかを実験によって調べた。付着力を計測した結果、丸い物に対しては殻口の小さいタイプが、また平滑な物に対しては殻口の大きなタイプが、より大きな付着力を発揮した。カタツムリに置き換えるなら、大きな殻口をもつ個体は、たとえば壁や大きな葉のように平滑な物に付着するのに有利だが、木の枝のように細く丸い物や、凹凸のある物に付着するには不利になる。

だがこれらの要因では、殻の高さの二極化を説明するのは難しい。むしろ、これらは重力環境で活動することへの適応で生じる二極分布に、変化を加えるノイズ要因のように思われる。

この二極化の問題に全く別の角度から取り組んだ、やはり速水の系譜を引く研究者がいる。平野尚浩である。岡島は形を調べたが、生活様式との関係は調べなかった。平野は、「もし岡島の結果が正しければ、垂直面を這う機会の多い樹上性の種では平形と塔形の種に二極化し、水平面での活動が多い地上性の種では、すべて平形の種になるだろう」と考えた。この仮説を検証するために注目したのが、オオベソマイマイ属、オトメマイマイ属、ホソマイマイ属などで構成される、オオベソマイマイの仲間である。

この仲間がもつ殻は、オオベソマイマイ属の種がすべて平形、ホソマイマイ属の種がすべて塔形である。もう一つ、オトメマイマイ属の種は大半が平形で、一部が塔形である。平野が調べたのはおよそ一〇〇種。結果は予想通り、オオベソマイマイ属はすべて地上性、オトメマイマイとホソマイマイはすべて樹上性だった。

次は歴史からの検証だ。グールドがポエキロゾニテスの論文で強調したように、もし歴史に繰り返しのような一定のパターンがあるなら、それは現象の一般性を示すことになる。ただし、平野が使ったのは、遺伝子から推定した歴史だった。

得られた分子系統樹は意外なものだった。属の分類と系統関係が、全く一致しなかったのである。塔形のホソマイマイ属の種は、他の平形の種から独立に繰り返し進化した、「他人の空似」からなっていた。しかもホソマイマイ属とされた中国の種類の多くは、実はオオベソマイマイの仲間ではなく、オナジマイマイの仲間だった。系統樹から推定された進化のパターンを見る限り、塔形の種は、地上性の種から進化した場合も、あるいは樹上性の種から進化した場合も、平形から中間的な形を経ずに出現していた。岡島の結論を支持する結果だった。

平野が求めた系統樹は、もう一つ、重要な傾向の存在を示していた。平形と塔形の種が独立に繰り返し分化する一方で、それ以外の形の変化は、全体として強く抑制される傾向が認められたのである。形はほとんどの期間は安定だが、時に非常に大きく変わる

――断続的な進化観に合致する結果だった。

これも岡島のモデルと合致する結果に見えるが、実は少し問題がある。平形から塔形

への変化の大きさに比べ、他の変化が小さすぎるのである。他にもさまざまな環境からの影響があることを考慮すると、この極端な安定性の要因としては、岡島が想定する適応だけでは弱すぎるように感じられる。何か他にも要因があるのではないか？

硬直化

ヒントは、二〇世紀の初めにあった。当時イギリスには、カタツムリの交配実験に没頭した二人のアマチュア研究者がいた。ひとりはフィッシャーとともに、モリマイマイが示す色彩多型の遺伝様式の解明に取り組んだシリル・ダイバー、そしてもうひとりがアーサー・ステルフォックスである。ステルフォックスは膨大な数のヒメリンゴマイマイを使い、数十年かけて交配実験を行った。ヒメリンゴマイマイは孵化してから成熟するまで一、二年かかるので、恐ろしく気の長い実験である。だが、生前にはその研究はほとんど知られていなかった。その交配実験の全貌が明らかにされたのは、ごく最近のことである。

ステルフォックスの目的は、平形のヒメリンゴマイマイの集団から、塔形の集団を作り出すことだった。そこで、より背の高い殻をもつ個体を選抜して交配するという作業を、何世代も繰り返したのだ。ところがある高さ以上になると、いくら選抜して世代を重ねても、それ以上はなかなか背が高くならない。ライトがモルモットの新しい品種を作ろうと、人為選択をかけたときに経験したことと同じだった。

成長の過程で、殻の高さを調整する仕組みがはたらいていたのである。幼貝の段階で極端に背が高くなると、それ以降の巻き方が調整されて、成貝になった時には通常の背の高さになった。ある部分が変化すると、別のやり方で変化を修正する、バイパスのような仕組みがはたらくのである。結局、全体として、元の集団より多少は背が高くなったものの、塔形の個体は選抜を始めて一〇世代目と一一世代目に、奇形のような形のものが少しばかり得られただけで、塔形の集団を作ることはできなかった。

殻づくりには、多数の遺伝子が複雑に関わり合い、簡単には形が変わらないように調整されているのである。ある環境で有利な形が進化すると、次にその形を維持するような遺伝的な仕組みが自然選択によって進化するのだろう。平形と塔形がそれぞれ安定に維持されているのは、それらが重力環境に対して適応的であり、かつ、その形を安定に維持する遺伝的なシステム――グールドが発生的制約と呼んだ仕組みの一つ――が進化するからだと考えられる。

形の変化を強く制御するシステムが進化すると、環境が変わり、生存に不利になっても、形のほうは柔軟には変わらないだろう。また、形の変化が制約されているせいで、生活の仕方や生息できる環境が制限されてしまう可能性もある。喩えるなら、昔の栄光が忘れられない政府や企業、大学、マスコミにスポーツチーム……。貝殻との共通点は、成功が続いて現状維持を優先した結果、硬直化して体制を変えられなくなった、ということ。今の日本にはいくらでもありそうだ。たいていの場合、そんな状況を変えるのは、新たな出会いか、あるいは外からの強力なプレッシャーである。

カタツムリにとってそんなプレッシャーの一つが、捕食者である。カタツムリにはさまざまな天敵がいる。鳥などの脊椎動物のほか、昆虫は特に強力な捕食者だ。なかでもオサムシの一種、マイマイカブリの仲間のように、カタツムリを特に好む昆虫は、強い捕食圧を与える。食う―食われる、捕食―被食、攻撃―防御がどんな進化を導くかを知るにはよいモデルである。

速水が重視した攻撃と防御の適応戦略を、カタツムリとマイマイカブリの関係を使って調べたのは、やはり速水門下につながる小沼順二であった。

あちらが立てば、こちらが立たず

東北最大都市の中心駅から車で一五分。そんな立地にもかかわらず、大学のキャンパス内には峡谷や深い森林に覆われた山域があり、多彩なカタツムリとそれを捕食する亜種、コアオマイマイカブリが豊富に生息していて、小沼の研究には好都合だった。キャンパス内の地面に仕掛けた甘いシロップ入りのトラップを回収するのは、それを狙うスズメバチとタヌキとツキノワグマに出くわすリスクを伴ったが、一〇〇ほどあるトラップのうちのいくつかには、首が急須の口のように細長く、紫色に輝くコアオマイマイカブリが落ちていた。

まず小沼が調べたのは、コアオマイマイカブリがどんな形のカタツムリを食べるか、ということだ。この昆虫は、その細長い首をピンセットのようにカタツムリの殻口から中に差し込んで、消化液を出しつつ軟体部をきれいに食べてしまう。狭いスペースに奥深く潜り込む「潜入戦略」である。当然、マイマイ属のような殻口の大きな種は食われるが、殻口の小さな種、特に塔形で細長いキセルガイの仲間は食われない。塔形の種は平形の種より巻き方がきついので、軟体部が殻の奥に逃げると、捕食者の首は殻内の壁にさえぎられて届かないのだ。この結果は、天敵の攻撃に対する適応が、平形から塔形への進化を導く可能性を示していた。

だが、次に小沼が行った実験で示した結果は、これとほぼ逆のものだった。

違いは使った捕食者だ。佐渡固有の亜種、サドマイマイカブリである。こちらを使った実験で食われたのは、キセルガイの仲間のほうだった。一方、マイマイ属は食われなかった。理由は攻撃方法の違いだ。サドマイマイカブリは、ニッパーの頭部のように頭が大きく首が太い。そのため大あごが発達している。それを凶器にして、殻を破壊する

「破壊戦略」者である。だからキセルガイは、殻が特に厚くない限り、破壊され食われてしまう。一方、マイマイ属は大きすぎて殻を壊せないうえ、首が太くて殻の奥まで入らないので、食べることができない。

殻全体を大きくして破壊戦略に対抗すると、殻口が必然的に大きくなるので、潜入戦略には弱くなる。一方、殻口を小さくして潜入戦略に対抗すると、殻全体が必然的に小さくなり、破壊戦略には弱くなる。あちらが立てばこちらが立たずの関係——トレードオフがあるのだ。

このトレードオフのために、もし捕食者の戦略が変われば、カタツムリの防衛戦略も変化し、形が大きく変わるはずである。前述のイタヤガイの防衛戦略——氷山戦略と遊泳戦略も、これとよく似たトレードオフの例である。防衛戦略の変化は、平形から塔形へ、あるいはその逆方向への進化を推進するだけではなく、それ自体が新たに形の大きなギャップを生み出すのである。

この関係は捕食者側も同じである。潜入戦略を極めると、首が細長くなり、必然的に大あごは細く弱くなるので、破壊力がなくなる。一方、破壊戦略を極めると、大あごが強力になり、必然的に首が太くなって今度は頭が殻口に入らない。

小沼はコアオマイマイカブリとサドマイマイカブリを掛け合わせ、首の長さと太さが五段階に異なる雑種個体を作り出し、それぞれの攻撃力、つまり捕食成功率を調べた。

その結果、潜入も破壊もそこそここなせるマルチプレイヤーの中間型、つまり雑種個体は、どれも総合的な攻撃力で劣っていた。一方、最も高い攻撃力を示したのは、それぞれの戦略のプロフェッショナル、つまり典型的なコアオマイマイカブリとサドマイマイカブリであった。このような専門家の優位をもたらす機能的トレードオフが、捕食者と被食者の両方にあり、それが形の分化をもたらしているのである。

迎撃、籠城、逆立ち

ここで明らかになった多様性の本質は、正解が一つではないということだ。重力の問題を解決するためにカタツムリがとった戦略は、平たくなることと、塔のようになること。どちらも正解だ。問題が捕食者への対抗であってもこれは同じ。殻をもつという制約のもとで、捕食者の出現は、それを解決するための複数の正解、すなわち複数の防御戦略を導く。戦略の多様性と形の多様性が生まれるのである。

まずは、速水の系譜を引く研究者が調べた例を一つ紹介しよう。

森井悠太が突き止めたのは、直面する危機に対して、正反対の解決策を導いてみせる、北の大地のカタツムリだった。

敵が攻めてくれば、それに対処するための二つの選択肢が生じる。敵の攻撃に対して、安全な場所に身を潜め、引きこもることによって身を守るべきか、それとも反撃して敵を撃退することによって身を守るべきか。森井が見つけたのは、籠城することを良しとせず、敵を迎撃することを主張した、真田幸村のようなカタツムリであった。

北海道に分布するエゾマイマイは、捕食者オオルリオサムシに襲われると、大きな殻を激しく振り回し、相手に打撃を与えることによって敵を追い払う。殻を武器として振り回すことによって敵を撃退するのだ。

一方、同じく北海道に分布するヒメマイマイの場合には、多くの他のカタツムリと同様に、オオルリオサムシの攻撃を受けると瞬時に身を殻内に引っ込め、敵が攻撃をあきらめるまで殻内に引きこもる。引きこもり防御、いわゆる籠城である。

エゾマイマイは、敵に打撃を与える必要があるため殻が非常に大きく、また殻を強い筋肉で振り回す必要性のため殻口も大きい。一方のヒメマイマイは、殻口から敵に侵入されないように、小さな殻口をもち、また殻自体も小さい。引きこもることと追い払うことは両立せず、殻の形にはこの二つの機能に対してトレードオフがある。そのため、この二つの戦略をとる種の間で、形に大きなギャップが生じるのである。

この攻めるカタツムリと守るカタツムリの分化は、決して一回限りの特別な「事件」だったわけではない。なぜならこれと全く同じことが、対岸の極東ロシアのカラフトマイマイ属でも繰り返し起きていたからだ。沿海州の森にも、エゾマイマイ、ヒメマイマイとそれぞれ瓜二つの姿・性質の種がいて、やはりここでもオサムシ類の攻撃に対する適応によって、同じ進化が起きたのである。

次にもう一つ、捕食者の攻撃という危機に対して、「逆立ちする」というショッキングな解決策を導いたカタツムリを紹介しよう。今度は、熱帯の山のカタツムリだ。

ボルネオ北部の石灰岩地帯には、不思議な景観の場所がある。深い熱帯雨林の中から真っ白な岩体がいくつも突き出し、森に囲まれた巨大なドーム状の未来建築のようにそびえているのである。その壁面に潜んでいるのがノタウチガイ。三ミリほどの微小な貝である。だが奇妙なのはその形だ。成長の途中までは塔形の殻を作るのだが、そこから急に巻きが外れて反転する。殻口はラッパのように広がり、表面にはたくさんの鰭(ひれ)状の突起がある。殻口が最後に殻の頂部の方向に向くために、ノタウチガイが這うときは、殻のてっぺんを下に向け、岩にすり付けるような状態になる。

この奇妙な姿が、捕食者のイボイボナメクジ類の攻撃への対抗策であることに気づいたのは、長年にわたりボルネオでカタツムリの調査を行ってきたメノ・スヒルトハウゼンだった。この天敵は、殻の上にのしかかり、口器で殻に穴を開ける。殻の下のほうは厚くて鰭状の突起があるので、そこを攻撃されても身を守ることができる。だが殻の頂部は弱いので、そこを狙われると助からない。そこでノタウチガイは殻を途中で逆立ちさせて、弱い殻頂(かくちょう)部を下に向けて隠し、それをラッパのように広がった大きな殻口部でガードするのである。

貝殻を使った防御作戦は、危機に対して時に思いもよらない、独創的で奇抜な解決策を導いてみせる。捕食者との戦いは、新しい形を生み出す推進力でもあるわけだ。

軍拡競走

捕食者の攻撃力が向上すれば、それに対する対抗適応によってカタツムリの防御力は向上するだろう。すると強化されたバリアを攻略できるような、より強力な攻撃力が捕食者に進化するはずだ。このような軍拡競走は、捕食者と被食者のそれぞれの戦略をエスカレートさせるだけでなく、次々と新しい戦略を生み出すだろう。

攻撃と防御の果てしなき攻防戦。どこまでもエスカレートする戦闘力。そんなぞっとするような世界が中国奥地にあった。

中国北西部、甘粛省(かんしゅく)の山岳地帯。トウモロコシなどの耕作地以外は、乾燥した疎林と荒れ地の広がる、荒涼とした世界だ。ところが、畑も草地も林内も、いたるところカタツムリだらけである。種類も多い。テニスコート二面ほどの広さの場所に、三〇種ほども生息している。だがそこに含まれているのは、わずかに二つのグループ、オナジマイマイ属とキセルガイモドキの仲間だけだ。

枯葉の下には、黒く青光りする大きな甲虫が隠れている。オサムシの仲間だ。この地域のオサムシ類を研究している曽田貞滋（ていじ）によれば、カタツムリを食べるオサムシが少なくとも四種は生息する。しかも個体数は極めて多い。その代表的な種、カンスーカブリモドキは、首と大あごが細く長い潜入戦略者。一方、マンボウオサムシは、首と頭が異常に太くなり、巨大な大あごをもつ破壊戦略者。いずれも極めて高い攻撃力をうかがわせる。ではカタツムリはどうだろう。

オナジマイマイ属だけで一四種も共存している。遺伝的にはいずれもごく近縁である。だが殻の形は、同属の近縁種ばかりとはとても思えぬほど、極端な多様性と大きなギャップを見せている。

潜入戦略に対抗するためには、殻口を小さくしなければならない。だがそうすると体が小さくなり、破壊戦略の餌食である。このジレンマをどう解決するか。その答えを、この形の多様さと不連続性に見ることができる。

ある種は、殻口に大きな歯のような突起物をつくり、バリケードを築いている。また別の種は、塔形の、しかし異常に厚い殻をつくっている。さらに別の種は、巻き方が極端にきつく、そして巻き数が異常に多くなり、「年輪の迷宮」とも呼ぶべき殻をつくって、軟体部をその奥底に引っ込めている。凄まじいのは、殻口をぎゅっと狭めるだけでなく、殻の表面にヤマアラシのような棘を密生させるものさえいることだ。どれも違う戦略を採用して、潜入と破壊、双方の攻撃を回避しているのである。

この事例は、捕食—被食、攻撃—防御の軍拡競走が、形の劇的な多様化をもたらすことを示している。捕食圧の高まりは、防衛戦略の多様化と形の多様化、そして形の大きなギャップを創り出すのである。

だが、一つ大きな謎がある。形の多様化が起こるためには、多様な種が存在しなければならない。種内の多型だけでは、この形の多様さは維持できない。いったい、なぜ形だけでなく、種の多様性がこれほど高いのだろうか。

種を特徴づける形が、いずれも防御力の強化と関係していること、そして互いにごく近縁な種ばかりであることから判断すると、捕食に対する適応が、形の多様化だけでなく、種の多様化、つまり種分化を引き起こしたように思われる。さて、そのようなプロセスがあるとすれば、それはどのようなものだろうか。

種分化とカタチ

ジョン・ギュリックは、カタツムリの種分化が、地理的隔離とランダムな性質の変化の結果であると主張して、種分化も適応の結果だと主張するアルフレッド・ウォレスと激しく対立した。この論争はおよそ百年後に再燃するのだが、そのきっかけを与えたのは、グールドらの断続平衡説を巡る論争だった。

中立説と適応主義が融合を果たした現在、私たちの種分化に対する見方は、この二つの考えを両極とした一続きの帯のようなものだ。種分化は地理的に隔離された集団の間で、適応の副産物として起きる場合もあれば、遺伝的浮動により進む場合もある。また種分化は、地理的な隔離がない場合でも、やはり適応の副産物として、あるいはそれ以外のプロセスで起こりうる。

カタツムリの種の違いは、フェロモンの違いや求愛、交尾行動の違い、殻の巻き方向の違い、生殖器官の違い、受精できない、あるいは受精しても正常に発育が進まない、など数多くの仕組みで生じている。たとえば、交尾器の形が違うと、交尾が正常に進まないことがある。亀田勇一らが調べた琉球列島のヤマタカマイマイの仲間では、別種が共存する場合にはそうでない場合よりも、交尾器の形の違いが大きくなっており、交尾器の形が交雑を阻止するはたらきをすることを示している。

カタツムリで種分化が起こるプロセスの一つは、このような交尾器に生じる構造的な変化だ。その発端は遺伝的浮動によるもの以外は、なんらかの環境への適応の副産物か、より受精確率を高める方向に交尾器の機能が進化した結果だろう。

オナジマイマイ系の場合、交尾の時に恋矢を繰り返し相手に突き刺すが、これは自分の精子の受精確率を高めるための行動である。江村重雄が観察したように、相手に受け渡した精子の大半は、相手に分解されてしまう。雌雄同体のカタツムリはメスの立場では、より多くのオスと交尾をして、いろいろなオスから得た精子の中から、最善のオスの精子と受精するのが最も適応度を高めるからである。一匹から受け取る精子が多すぎると、これができないので分解して減らすわけだ。

だが恋矢には、これを阻止する機能があるのだ。恋矢の表面に付着している粘液が、相手の体内に注入されると、精包の分解が阻害され、より多くの自分の精子が貯精嚢に移動し、受精確率が高まるのである。これがオスとしての策略だ。彼らの愛は戦いなのである。

こうしたオスとメスの利害の対立がエスカレートしていくと、精子の分解とその阻止を巡って、軍拡競走的な進化が始まる。ちょうど、捕食—被食の軍拡競走と同じ状況だ。そしてそれと同じように、攻撃—防御の戦略が多様化するのである。するとその副産物として、交尾行動や交尾器に違いが生じる。これが種分化をもたらすわけである。

この軍拡競走は、交尾器以外の性質にも波及する。木村一貴は、恋矢を刺されると、以降の交尾意欲が失われ、受け渡された精子の受精機会がいっそう高まることを明らかにした。さらに木村は、恋矢を刺されると、寿命まで縮んでしまうことを見出した。この効果は、相手の体が自分より大きいほど強い。これはジレンマだ。交尾相手が自分より大きいと、自分の身が危ない。だが小さい相手は、子孫を残す相手としては好ましくない。できれば体の大きい相手、つまり質のよい相手と交尾したほうが、子の適応度は上がる。

この問題の解決策は、自分とほぼ同じ大きさの相手と交尾することだ。実際木村は、オナジマイマイ系では、体のサイズが異なる相手とは、交尾を避ける性質があることを見出した。つまり、体の大きさの違いが種分化を引き起こすのである。

捕食者に対する適応の結果、生理的な性質、たとえば刺激に対する応答や活動性も変わることがある。するとそれは交尾行動や交尾器の形に変化をもたらし、種分化が起こるだろう。また、適応の結果として体サイズが変われば、その副産物としても種分化は起こりうる。

こうした仕組みで種分化が起きた可能性の高い例が、カラフトマイマイ属の種分化や中国のオナジマイマイ属の多様化だ。

先述の森井の遺伝子解析では、籠城型のヒメマイマイと迎撃型のエゾマイマイは共存し、交配しないが、その祖先は頻繁に交雑していたことが示されている。しかも最も古い時代に隔離されたヒメマイマイの二つの地域集団は、エゾマイマイから分かれる前に遺伝的に分化したにもかかわらず、互いに交配できることがわかっている。系統の違いではなく、捕食回避行動と関係した性質の違いが、交配できるかどうかと関係しているのである。

意外にもここに至って、断続平衡説の想定、すなわち形の変化と種分化の一致が、このプロセスによる種分化ではむしろ一般的である可能性がほのめかされた。ただし、この種分化プロセスは、皮肉にも、グールドが支持した偶然を主とするプロセスではなく、適応を主とするものであるのだが。

＊

カタツムリは遠い昔、生物が多様化のゲームを開始してまもない時期に、海に住んでいた祖先が得た性質に、ずっと生き方を縛られてきた。ナメクジのように殻ごと制約を脱ぎ捨てた者を除けば、カタツムリの生き方は殻を背負うことに制約される。ところがその制約ゆえに、環境への適応や捕食者との戦いの中で、多彩な殻の使い方、形、そして生き方の戦略が生み出される。制約ゆえにトレードオフが現れ、それが偶然を介して創造と多様性を生む。

速水はヒヨクガイの二型を、よく麻雀の牌（ハイ）に喩えた。どちらも触るだけで違いがわかる、という意味だ。

一方、麻雀のゲームを、「進化のような」と表現したこともある。こちらの意図は明確ではない。だがそれを聞いたある人物は、こう解釈した。

局（ゲーム）の開始時には、手持ちの牌にさまざまなアガリ方の可能性や狙いが存在する。だが、局が進むと、手に入れた牌と、どの牌を捨てるか、残すかの選択の積み重ねによって、だんだん狙いが制限されてくる。過去の選択によって、とりうる選択肢の幅が狭まってくるのだ。ところがさらに局が進むと、対戦相手との関係(たとえば振り込むリスク)が強まり、戦略に二者択一(トレードオフ)を迫られる場面が増える。どの戦略を採るか、どのアガリ方を選ぶか、あるいは退くか。そしてたまたま引いた牌が何であるかで、局面が大きく変わるような、多様な可能性が現れるようになる。

確かにそれは、長い地球の歴史で起きた、形の進化と多様化のストーリーによく似ている。もしかしたら、これは人生のストーリーにもあてはまるかもしれない。

8　東洋のガラパゴス

私が幼少の時分、母がする話は決まって、戦争と貝についてだった。戦雲が急を告げ始めたころ、母は高知の女学校に在学していたのだが、その母が心酔していた理科の教員が、中山伊兎（いと）といい、貝類の先生として知られる女性だったからだ。さらにその夫君は、やはり教員で、しかもカタツムリの先生として、たいへん名高いのだという。中山駿馬（しんま）というその名前とカタツムリの先生というものに、不思議と魅かれるものを感じていた。

もっともその後は、友人や父の影響で昆虫採集にのめり込んだので、カタツムリはもうそれきり忘れてしまった。

捨てる神あれば拾う神あり

大学では当然のように生物学を専攻する予定だったが、教養課程に入学してまもなく、大学の選択を誤ったことを知った。この大学では、一年次の定期テストで他の人より高得点を取らなければ、希望の学科に進学できない仕組みだったのだ。私は点取り競争に疲れ、心が折れてしまった。

もしやりたいことがあるなら、大学は決して偏差値で選んではいけない。

その後は、ただただ遊び呆けた記憶しかない。起きている時間の半分近くを、麻雀とアルバイトで過ごしていたようだ。

結局、必修科目の試験日前日に友人らと徹夜で麻雀、目が覚めたときには試験が終わっていたという絵にかいたような失態を演じて留年。その後なんとか三年生になって専門課程に進み、生物学とは無縁のとある学科に進学するも、麻雀はほとんど中毒状態でやめられず、低空飛行のまま、日々が過ぎていった。

一九八五年のこと、四年生になり、就職か進学かを決めねばならなくなった。

ふと、地質学科の大学院に移ってやり直そうかと思い立った。地質学の講義は皆無と言ってよいほど受けていなかったが、所属の学科で与えられた卒業研究のテーマが地質学に近かったからだ。所属学科では「役立たず」という評価が定着していたので、そちらの大学院への進学は無理だったのである。

構造地質学の教授の研究室がよいという噂を聞いたので、もし受験するならこの研究室がよかろうと思い、挨拶がてら研究室を見学に行くことにした。ただし、アポなし突撃である。若い読者は決してマネをしてはいけない。

地質学科の建物に入り、その研究室をノックすると、教授が出てきたので、大学院でこの研究室を受験しようと考えている旨を伝えた。すると私を部屋に招き入れた教授は、さっそく説明を始めた。「こちらで行っている研究は……」。

そこで初めて私は、研究室を間違えたことに気がついた。顔を知らなかったので、わからなかったのだ。しまったと思った。もう説明を始めているし。誰だこの先生。

だが、すぐに私は、このままでよいかもしれない、と考え直した。驚いたことにその研究室は、地質学科なのに研究対象が生物で、進化の研究をしていたのだ。卓上にはたくさんの貝殻や化石が並び、棚には動物の液浸標本が置かれ、計算機のモニター中ではアンモナイトが泳いでいた。教授は「うちでは動物を対象に、生物学としての古生物学をやっている」と強調した。私は、思いがけず転がり込んだチャンスを活かさぬ手はないと思い、この教授に向かって、「やりたかった研究をするために、必死で勉強して必ず合格します」と宣言した。

この教授というのが、速水格である。

もちろん試験の成績はよくはなかったが、かろうじて大学院に合格、幸運にも研究室に潜り込むことに成功した。合格後、研究室に挨拶に行くと、速水は「学部で成績の悪い奴は見どころがある」と意味不明なことを言った。さらに、「大学院から頑張ればよい」と付け加えた。そして、これを読むといい、と言って、濃い緑色の表紙の厚い冊子を私に手渡した。バミューダのポエキロゾニテスを扱った、スティーヴン・グールドの博士論文の別刷りだった。

止まっていた時間が、にわかに素晴らしい速度で駆け出したようだった。もう、低空飛行の生活に戻ることはないと思った。そして、あの忌まわしい麻雀のような代物に、無駄な時間を費やすことは二度とないと確信した。

挨拶をして部屋を出ようとしたところで、ふと呼びかけられた。

「ところで君は、」

ふうっ、とタバコの煙を吹かしつつ、速水はこう尋ねた。

「麻雀はできるのか？」

転向の理由

膨大なデータと緻密な解析から描き出される進化のストーリー。そんなグールドの博士論文に魅了された私は、彼の以後の論文を片端から読んでいった。ただ意外なことに、速水はグールドの断続平衡説の論文を「ペダンティック(衒学的)」と表現し、問題点を意識するべき、と言った。

私をひどく混乱させたのは、グールドの主張が一九七〇年代以降、一転したことだった。カタツムリの進化は、ある時点から急に適応ではなくなった。解釈が以前、以後で逆になっていることもあり、見方を切り替えるのに苦労した。グールド自身の進化観が、断続的な変化を示しているのである。速水にこの変化の理由を尋ねたが、なぜかね、と興味はなさそうだった。

たまたまグールドが来日して、速水を訪ねてきたことがあったので、会って直接聞いてみることにした。自分の研究について議論を交わした後、グールドに向かって単刀直入に、なぜ昔と今とで解釈が逆なのか尋ねると、グールドは笑いながら「それは誰にもわからない」などと答え、結局はぐらかされてしまった。その後は、論文を送り助言を受けたりしたものの、まもなくグールドは、データに則る私たちのゲームの世界から去っていき、再び会う機会は訪れず、真相は不明である。

ただ、当時のパレオバイオロジー推進者たちが目標としていた、古生物学独自の理論の確立が、その「転向」の大きな理由の一つであることは間違いない。むしろ、トマス・ショップやデビッド・ラウプの思想の基盤に、もともと中立的、非適応的なプロセスがあり、その思想がグールドに波及したのかもしれない。

私がそのように考えたきっかけは、一冊の本との出会いだった。

速水の書庫は宝の山だったので、ジャイアンツが勝って速水の機嫌がよい時を狙い、部屋を訪ねて勝手に書庫を漁った。赤の女王仮説のオリジナル論文が載ったヴァン・ヴエイレンの自費出版の雑誌を見つけ出した時は、その怪しい同人誌のような体裁が醸し出すカルトな雰囲気に、マヤ文明の骨董品でも発見したような興奮を覚えたものだ。私が選ぶ本や雑誌がひどく偏っていることに危惧を感じたのか、速水は一冊の本を選び、私に勧めた。それはロバート・マッカーサーとエドワード・ウィルソンの『島の生物地理学の理論』であった。

それを読み、グールドやラウプ、ショップたちの大進化をめぐる理論──ランダムな種分化と絶滅を大進化のプロセスとする理論が、何に基づいているかを理解した。その由来は、断続平衡説とライトの遺伝的浮動だけではなかったのだ。彼らの理論にはもう一つ、ラウプとショップが導いた全く別の由来があった。それは、島の生物群集をモデルとしたマッカーサーたちの理論だった。

これは、ある島を考えたとき、他の地域からその島への種の移入と、その島における種の絶滅のバランスで、島に住む生物群集の種数が決まるという理論だ。すべての種は、便宜的に性質が同じ中立な存在と仮定され、移入と絶滅はランダムに起きると想定されている。種数が増えてくると、確率的に絶滅は増え、移入は減る。だから、移入率と絶滅率がちょうど等しくなるような種数が、島で観察される種数ということになる。もし移入が増えれば種数は増え、絶滅が増えれば種数は減る。

大進化の理論は、このモデルの「移入」を「種分化」に置き換え、一つの島を地球全体に拡張し、長くてたかだか数百年の生態学的時間を、数億年という地球の歴史に拡張したものであった。そして、種数だけでなく、種構成がこの過程で変化することを説明するために、ライトの遺伝的浮動の理論を拡張して融合したのだ。

だが、移入を種分化に置き換えるためには、移入が島に新しい種をいきなり出現させるように、種分化は地球上に新しい種を急に出現させなければならない。このモデルと生物の形を結びつけるには、形は種分化の時だけにしか変わってはならない。この二つを可能にしたのが、断続平衡説だったのである。

マッカーサーは、こうした理論を発表する一方で、洗練された競争のモデルにより、理論生態学や群集生態学の理論的基盤を形づくった。パレオバイオロジーの推進者たち、特にショップとラウプは、マッカーサー理論の別の側面を、同じようにその分野の理論的基盤にしようとしていたのである。

ニッチ利用の平衡

研究テーマがカタツムリに決まった時は、幼少時の記憶が甦り、偶然が重なると必然になるのだ、と理解した。だが、なぜ速水が私に研究テーマとして、小笠原のカタマイマイの研究をさせようと思ったのか、理由は全くわからない。当時、研究室のスタッフだった大路樹生によれば、試験に合格したときにはもうテーマは決まっていた、という。

速水は、「カタマイマイの進化」というテーマを決めた以外は、好きなようにやれ、と言ったきり一切指示を出さなかった。それどころか、研究の進め方について助言を仰ぐと機嫌が悪くなった。そこで、方向性や技術的な問題は、同じく研究室のスタッフだった棚部一成に相談し、アドバイスを受けた。だから、いったい速水がカタマイマイの進化から何が知りたかったのか、それは結局わからずじまいであった。

さて、私は週に一便しかない定期船に乗り込み、太平洋の荒波を越えて小笠原諸島(図7)へと向かった。当時、調査旅費は自費で賄うのが普通だったので、私は資金稼ぎのため、小笠原の民宿に住み込みのアルバイトとして雇ってもらった。食事の配膳や掃除、接客など朝の仕事が終われば、夕刻までは業務がないので調査ができる。こうして私は、夏休みの全期間を野外調査に費やした。

調査の結果、速水が更新世のカタツムリ化石だと信じていたものが実はたかだか数百年前の死殻と判明して落胆したものの、それまで全く記録のなかった本物の更新世のカタツムリ化石を見つけて、首尾よく研究を軌道に乗せることができた。

小笠原諸島のカタマイマイ属は、現在、未記載種も含めて二二種が生息することがわかっている。他に、直径が四センチほどの絶滅した大型種、ヒロベソカタマイマイとオオヒシカタマイマイが砂丘から産出する。この二種が生息していた時代は、炭素同位体を用いた年代測定では、新しいものは約三〇〇〇年前。ごく最近まで生息していたのである。

父島、南島、母島の地層から私が見つけたのは、更新世後期、約一〇万年前以降の時代の化石種であった。これらの化石種には、更新世末に絶滅したものが含まれていた。たとえばニュウドウカタマイマイは、直径が八センチを超え、日本の在来のカタツムリの中では最大の種である。この巨大種は、およそ二万五〇〇〇年前にいきなり出現し、一万年前に忽然と姿を消した。

図7　小笠原諸島

現在まで生き残った種も、約二万五〇〇〇年前と一万年前に大きな形の変化を示した。いずれの種も、地質学的にはごく短い期間、二〇〇〇〜三〇〇〇年間のうちに、そろって殻の形を変化させた。

一方、それ以外の時代には、いずれの種もそれほど大きな形の変化はみられなかった。それぞれの種が断続的な形の進化のパターンを示しただけでなく、群集のレベルでも、絶滅が起きたり、変化が特定の時期に集中して起きるような、断続的な変化パターンがみられたのである。

関心は当然、何がこのパターンの背景にあるのか、という点にあった。変化のあった時期は、寒冷化のピーク、それから氷河期が終わり急速に温暖化した時期である。変化には気候変化が関わっているのは間違いない。だが、推定される気候変化は、化石が見せるような断続的なパターンではない。何か別の要因があるはずだ。

殻の特徴を子細に見ると、実はすべての特徴が断続的に変化しているわけではないことがわかった。たとえば模様である。化石に残された模様が示す多型は、形が変わらない時期にもある程度変化していた。一方、断続的な変化が起きたタイミングには、必ず絶滅が伴っていた。

そこで私は、競争など他の種からの影響によって、群集として平衡状態が維持されているのではないか、と考えた。絶滅が起きると種間関係が変化し、種ごとに生態的性質が変化して、急速に新しいニッチ利用の平衡状態にシフトするのではないかというわけだ。ライトの平衡推移理論を、群集レベルに応用してみたのである。遺伝子間の相互作用を種間の相互作用に置き換え、遺伝的浮動による遺伝的変異の喪失を、絶滅による種多様性の減少ととらえてみたのだ。

だがこの時点では肝心の、カタマイマイの生態に関する情報が乏しく、この「ニッチ利用の平衡」仮説の検証は難しかった。

小笠原のカタマイマイ

ここで、小笠原のカタマイマイ類の研究史について少し触れておこう。

最初の発見は一九世紀に遡る。イギリスの探査船が父島を訪れ、カタマイマイとヒロベソカタマイマイが採集された。しかし、カタマイマイ類を含め、初めて本格的に小笠原のカタツムリを調べたのは平瀬与一郎であった。その後、一九四〇年代に江村重雄が初めてカタマイマイ類の生態を調べ、大きな卵を数個産むなど、特異な生活史をもつことを明らかにしている。

戦後は湊宏が分類の研究を行い、私が研究を始めたころは、冨山清升（きよのり）が小笠原のカタツムリ全般の生息状況と分布を調べていた。

私は、冨山をはじめとした生態学者たちと調査をともにしたので、彼らに学ぶ機会が多く、そのため興味の対象も次第に生物学に傾いた。一九九一年に静岡大学(地学系)に職を得ると、他学部の生物系に出向いて、セミナーや授業、実習などに参加させてもらった。そうして一から生態学や遺伝学などを学んでいるうちに、いつしか生物学が自分の専攻分野になってしまった。

古生物学者を育てるつもりだった速水が、そんな私を見てどう思っていたかはわからない。だが速水は最初に、好きなようにしろ、と言った。だから私は好きなようにしたのである。


カタツムリの話に戻ろう。

では次に、現生のカタマイマイ属がどんなものなのかを説明しよう。直径は、およそ二〜三センチくらい。特徴はまず、非常に殻が硬いことだ。それから、複数のカタマイマイ属の種が共存する場合、必ず互いに形と住み場所(ニッチ)が異なっている。四種が同じ場所に住むとき、休眠する場所はそれぞれ木の上(樹上性)、地表の落葉層の上部(地表性)、両者の中間(半樹上性)、そして地表の落葉層の下部(潜没性)である。休眠する場所だけでなく、夜に活動する場所にも差がある。地表性のものは、落葉層の表に出て、水平方向に比較的長い距離を移動する。しかし潜没性のものは、落葉層の内部、土壌に近いところにいることが多く、水平方向にはあまり長い距離を移動しない。

これら四つの生態型は、殻の形とも密接な関係がある(図8)。樹上性のものは、小型、三角形の帽子のような姿である。黄色やピンク色、緑色の地に黒い帯のあるもの、ないものなど多型があって、色彩の変異が著しい。半樹上性のものは、やや小型で、上側だけ穴をふさいだドーナツのような形をしている。扁平で、殻の下側に大きな臍(へそ)があるのだ。殻の色は黄色かピンク色である。地表性のものは大型、少し潰れたミカンのような形。殻が厚く、黄色かピンク色の地に、多くは黒い帯が一〜三本ある。これも変異が著しい。潜没性のものはやや大きくてドーム形、殻が厚く、重量感がある。普通は墨のような黒一色か黒地に黄色の帯が一本ある。こうした形の特徴は、それぞれの生態型の住み場所と暮らし方に適したものとなっている。なお石灰岩地帯には、上の四つの生態型に加え、石灰岩の岩上を住み場所として好む種が加わり五種となる。

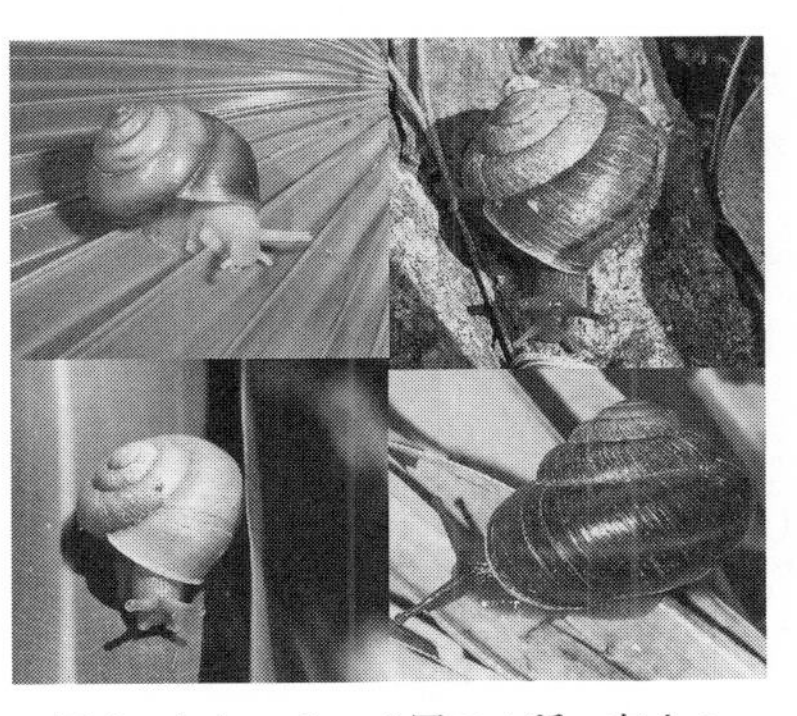

図8　カタマイマイ属の4種．左上：キノボリカタマイマイ(樹上性)，左下：コハクアナカタマイマイ(半樹上性)，右上：アニジマカタマイマイ(地表性)，右下：カタマイマイ(潜没性)

私が研究を始めるまで、現生のカタマイマイ属は八種に区別されていた。しかし調べてみると、殻の形が同じで同一種とされているもののなかに、生殖器の形が全く違うものがある。一方で、殻の形や生態型はずいぶん違うけれど、生殖器の形だけを見ると、母島列島の種はどれも共通の特徴があって、父島列島の種とは非常に大きく違っていた。生殖器が違うと交尾がうまくいかない可能性が高いので、生殖器の違うものは別種とすべきだろう。そこで、生殖器の形に基づいて種を区別し直すことにした。

ギュリックの亡霊

分類が整理されたところで、次に化石の断続的進化の説明のために考えた「ニッチ利用の平衡」仮説を検証することにした。もしこの仮説が正しいなら、同じ種でも共存している種数が違えば、住み場所や形が変わるはずだ。

たとえば鳥類や海の貝などでは、二種が共存する時には、それぞれが単独で生息する時よりも、二種の間でニッチ利用の違いが大きくなり、ニッチ利用に関係した形の違いが大きくなることがある。これは形質置換と呼ばれ、一般に種間競争によって引き起こされる。他の種と共存しているときには、他種とニッチの異なる個体が競争から免れて有利となり、その特徴が自然選択により進化するからである。

ところが実はカタツムリでは、それまで現生種の形質置換の例は、種分化の不完全なポリネシアマイマイでそれらしい傾向を見出したという例があるだけだった。そもそも昔からカタツムリでは、「種間の競争は無視できるほど弱い、したがって群集は互いに中立的な種からなる」と考えられていた。餌は落ち葉など無尽蔵にあるので、餌を巡る競争が起きることは考えにくいからである。

だが、カタマイマイ属の場合には、非常に個体数が多く、休眠場所を巡る競争が強いことが予想された。実際に飼育下では、他種の有無で休眠場所が変化した。また野外や飼育下で、他の個体に殻を削られている個体がしばしば見つかった。攻撃的に他個体に干渉し、排除している可能性があるのである。

そこで調べてみると、カタマイマイ属でははっきりした形質置換のパターンが認められた。地上に住む二種を比較すると、共存していない時には、共存している時の二種の中間的な住み場所を占め、中間的な形をもっていたのである。そして四種が共存している時に樹上性だった種が、三種が共存している時には半樹上性となり、二種しか共存していない時は地表性になっていた。

だが、この結果を論文にして雑誌に投稿してみると、査読者の批判は辛辣だった。特に二人の査読者は、「偶然の結果だ、種間競争とは無関係な結果だ、そもそもカタツムリでは種間競争は検出されたことがない」と否定した。カタツムリの群集は互いに中立な種からなる、という思想が強烈に表れていた。そのうちひとりの査読者の批判は、次のような文章で始まっていた。

「ギュリック以来、カタツムリでは……」

ギュリックは、地理的に隔離された別種の間では性質に差がなく、それぞれの種は中立だ(だから模様の進化はランダムに起きる進化だ)、と主張した。それゆえ、遺伝的変異に加えて異なる種の間にも、中立性の呪縛を与えてしまっていたようだ。そして、種レベルの中立性のほうは、適応主義との論争を経てもなお、解けてはいなかったのである。

というわけで私は、百年前のギュリックの亡霊と、戦わなければならなくなった。

クラークの宝物

一九九五年、私はノッティンガム大学の、ブライアン・C・クラークの研究室に留学した。日本で正統的な集団遺伝学を学んでいたら、ありえない留学先だったかもしれない。だが、中立説論争はもう過去の話、むしろ、世界を人と違う側から見てみたかった。もっとも本当のところは、打診してみた候補のなかで最初に返事をくれたのがたまたまクラークだった、というのが直接の理由であるが。

クラークの研究室は、大学病院に接続する、医学部のまるでペンタゴンのような巨大な建物の一角にあった。クラークは、実験室の窓側の一隅をガラスで仕切り、自分のオフィスにしていた。実験室の壁には、子供たちが描いたらしい、いくつものカタツムリの絵が貼ってあり、その周りにおどけたような字で、“Save the snail”と書かれている。そして廊下側の一隅には、別に小さな部屋があって、そこではポリネシアマイマイの仲間が、プラスティックの容器の中で大量に飼育されていた。クラークはなぜそんなにたくさんのポリネシアマイマイ類を飼育していたのか。それについてはまた後で説明しよう。

　私はポルトガルとフランスから来た二人のポスドクとともに、カタツムリの遺伝子を調べていた。いくつかの領域の塩基配列を決定して、比較するのである。当時クラークの研究室は、モリマイマイを使って世界で初めてカタツムリのｍｔＤＮＡの全塩基配列を決めたばかりで、次は集団レベルの分子進化を解明しようとしているところだった。私はここで、分子遺伝学を一から学んでいた。

　時に、モリマイマイの採集に出かけた。クラークと二人のポスドクとともに行った場所は、マールボロ・ダウンズである。ケインが最初に見つけたエリア・エフェクトの境界がこれだ、と指差されて見た場所は、道路沿いのまばらに木の生えた、何の変哲もない草地だった。

　金曜日の夕刻、クラークに誘われてパブに行くと、遺伝学者がたいてい一緒で、ビールの入ったグラスを前によく論争になった。「同義コドンの使用頻度を決めるのは突然変異か自然選択か」、あるいは「カタツムリの遺伝学は医学に役立つか」といった話である。そこで気づいたのは、クラークはまだ中立説に対して、全く勝負を捨てていなかった、ということだった。

　ある日、私はクラークの狭いオフィスの中で、日本のカタツムリの話をしていた。オナジマイマイの多型について、日本で行われている研究について、それから自分がやっていたことについて。カタマイマイの写真を見せると、クラークは「プリティ」と表現し、全部で何種類いるのか尋ねた。

しばらくそんな話をした後、クラークは急に立って棚のところに行った。そして、ガラスの小窓のついた箱を手に取って、それを私に見せた。中には、赤い小さな美しいイタヤガイの仲間の標本が入っていた。

「これは、モトオ・キムラが私にくれたプレゼントだ。私の宝物だ」「考え方は違ったが、私たちは良き友人だった」

クラークのその言葉に私はひどく驚いて、本当にその相手が木村資生なのか確認することに気をとられ、なぜイタヤガイなのか、なぜそれを贈られたのかを聞き落としてしまった。誕生日に贈られた、と言ったような気がするが、定かではない。

「皆勘違いしているが」

クラークはそう言って、その箱を大事そうに元の位置に戻した。

なお、そのイタヤガイの仲間の標本だが、残念ながら私には種名まではわからなかった。ヒヨクガイのようにも見えたが、これも定かではない。

反復適応放散

日本に戻ってから、私はしばらく小笠原には行かず、過去に入手した試料を使い、遺伝子の解析に時間を費やした。それがギュリックの亡霊を追い払う、一番効果的な方法だと思ったからだ。三年ほどかけて、ようやくカタマイマイ属の分子系統樹が完成した。

カタマイマイ属の由来は、日本本土にあった。カタマイマイ属に最も近縁なのが、日本固有のマイマイ属だったからである。マイマイ属が南から分布を広げてきた種だということを考えると、カタマイマイ属の起源は日本南部。三〇〇万年ほど前、そこに住んでいたマイマイ属と共通の祖先が小笠原に渡り、独自の進化を遂げたのだろう。

カタマイマイ属が小笠原でたどった進化の歴史は、想像以上に劇的なものだった。まず父島で四つの生態型に分かれ、そのうちの一つの系統が聟島(むこじま)に渡って、そこで二つの生態型に分かれた。もう一つの系統が母島に渡って、そこで再び四つの生態型に分かれた。母島では四つの生態型の分化が、少なくとも三回、違う系統で独立に起こった。まるで線香花火のように華々しく、同じ様式の種分化と形態分化とニッチ分化が繰り返し展開されてきたのである。

一つの系統が生活様式など、生態の異なる多くの種に分化することを適応放散という。

カタマイマイ属の適応放散は、全く同じ分化のパターンを何度も繰り返す点で、非常にユニークだ。このような多様化は「反復適応放散」と呼ばれる。その例は、湖の生物ではアフリカのシクリッドの仲間でいくつか知られていたが、陸上の生物では当時、他に西インド諸島のアノールトカゲの例でしか知られていなかった。

この結果は、「ニッチ利用の平衡」仮説と符合する。この多様化のパターンは、空いたニッチを埋めるように進化が起きていることを示すからだ。同じ進化の歴史が繰り返されてきたことは、進化に決して偶然ではない、ある同じ仕組みがずっとはたらいてきたことを意味している。

カタマイマイ属は飼育が難しく、種間競争の効果を実験ではっきり証明することができなかったが、後になって、私の研究室の学生だった木村一貴が、マイマイ属を使った飼育実験からそれを実証した。カタマイマイ属同様に、マイマイ属も別の種に対して攻撃的に干渉する。そのため、共存する他種は、子供の成長率を下げ、親の生存率にも影響するのである。殻が齧られて穴が開いてしまうこともある。しかもそれは、餌に含まれるカルシウムの量とは無関係に起こる。マイマイ属では、高密度で生息する地域で、実験結果とよく符合するニッチ分化のパターンが認められている。

私はカタマイマイ属の反復適応放散を発表してまもなく東北大学に移り、調査のため、再び小笠原に出かけることになった。

クラークの弟子

東京から小笠原に向けて出港した定期船おがさわら丸は、穏やかな東京湾を抜けて太平洋に出ると、はるか南の小さな島嶼を目指して船足を速めた。船底の客室に敷かれたマットに横たわり、アンガス・デビソンは村上春樹の『ノルウェイの森』を読んでいた。面白いか、と私が問うと、彼は「イエス」と答える。「村上春樹は話がシュールで非現実的だから苦手だ」。そんな私の感想を聞くと、彼はむくりと起き上がり、ちょっとムッとしたような気配で口を開く。「なぜだ。すごくリアルではないか」「なぜだ。なぜ村上春樹の面白さがわからないんだ」。

やはり私にはよくわからないから仕方がない。ふと文化の違いを感じる瞬間だ。

クラークから、ポスドクを一人受け入れることはできないか、と打診を受けたのは二〇〇〇年のことだった。ちょうど東北大に移り、実験室を一から立ち上げようとしていたところだったので、即戦力は大歓迎だった。それから少し年を経て、デビソンがポスドクとして私の研究室にやってきた。

カタマイマイ属の遺伝子解析を始めたデビソンは、まず分子時計を利用して、種の多様化率が時代によりどう変化したかを調べた。その結果、適応放散が進むとともに、種の多様化率が下がることがわかった。このパターンは、ニッチが埋まると絶滅しやすくなったり、種分化が起こりにくくなったりする証拠、あるいは空白のニッチが種分化を促進する証拠、と一般に考えられている。ニッチ分化と連動する種分化を支持する結果だ。

次にデビソンと私は、母島をくまなく歩き回り、カタマイマイ属の遺伝的変異を集団ごとに細かく調べた。そのパターンの多くは、過去に起きた分布の縮小や拡大、融合の結果だった。モリマイマイのエリア・エフェクトと同じである。だが、それでは説明できないものがあった。

たとえばコガネカタマイマイでは、潜没性の集団と地表性の集団が生じ、それらの間で遺伝的な交流が妨げられ、種分化が起こりかけていた。また母島列島の小さな島の一つでは、島の中で地表性と樹上性が分化し、その間にやはり種分化が起こりつつあった。まずニッチ分化が起きて、それが種分化を引き起こしているのである。

こうした種分化は、海洋島の鳥類や湖の魚類などの研究からも知られていた。このような種分化が起きるうえで重要なのは、それぞれの生態型にとって有利な性質の間にトレードオフがあることだ。そのため、中間的な性質をもつ個体が不利になり、自然選択で取り除かれるのである。たとえば、潜没性は殻が厚く重いので、土に潜るには有利だが、落ち葉の上部や木に登るには不利。半樹上性は平たく殻口が大きいので、背の低いタコノキの大きな葉に張り付いて、その付け根に潜り込むには有利だが、樹上性のように小さな葉や細い枝の上で休眠するには不利である。

カタマイマイ属の種のように、単位面積当たりの生息個体数が多いと、同じ種の個体間での競争も厳しい。このような場合は、集団の中でニッチ分化が起こりやすい。これはたとえば、店舗数が増えて競争の激しくなった小売業界で専門店化が進むことと少し似ている。

「体の大きさが違う個体とは交尾しない」という、オナジマイマイ系のカタツムリにみられる性質も、この種分化に関係している。たとえば、樹上生活に適した小さい個体は、大きな地表性の個体とは交尾を避けると考えられる。

さらに、ある程度まで種分化が進むと、ニッチ分化がいっそう促進される可能性がある。種分化がまだ不十分で、相手をフェロモンで十分識別できない場合、住み場所がもっと変わって出会う機会が減れば、不利な交尾が避けられるからだ。

このように、カタマイマイ属の適応放散には、形質置換に加えてもう一つ別の過程があることがわかってきた。デビソンの仕事によって、カタマイマイの研究は新たな意義をもったのである。

ところでそのデビソンだが、雨上がりの青葉山キャンパスで、たまたま大きなヒダリマキマイマイが道の上にたくさん這い出しているのに遭遇し、どれもそろって殻が左に巻いていることに感動して以来、殻の巻き方向を決めている遺伝子が何なのか、その探求のほうに夢中になってしまった。

ウォレス対ギュリック再び

ギュリック以来、カタツムリにおける種の多様化の大半は、地理的な隔離によって非適応的に起きると考えられてきた。ハワイマイマイ類のように、似たニッチを占める多数の種が、地理的隔離によって種分化した後、分布を重ねず互いに隣接する。そして、このタイル状の分布パターンがずっと維持されるのである。セリオンでもポリネシアマイマイ属でも、多くの種はそうである。最初にギュリックが発見したこの多様化のパターンを、ライトは「非適応的放散」と呼び、遺伝的浮動が引き起こす進化の典型と考えた。

カタマイマイ属の適応放散に関わっている二つのプロセスは、いずれもギュリック由来の進化観と対立する。一つめは、「個々の種は中立である」という主張に対して。そして二つめは、「種分化は非適応的に起きる」という主張に対して。

カタマイマイ属の適応放散に関わるプロセスのうち、一つめは次のようなものだ。まず地理的隔離によって種分化が起こる。ここまでは非適応的放散と同じだ。ただし、ギュリック的進化観では、分布は広がらないか、あるいは広がって別の種と出会っても、ニッチ分化は起こらない。種は互いに中立なので、共存する種の間で形やニッチが違っているとしても、それは種間競争とは別の、何らかの環境要因への適応の結果であるとする。一方、適応放散の進化観では、すぐに分布が広がる。そして別種が出会うと、形質置換が起こってニッチ分化と異なる住み場所への適応が生じる。このプロセスが繰り返されて、適応放散が起こるのである。

もう一つのプロセスは、それぞれ異なる環境で生活したり、異なる餌を捕ったりするのに有利な性質が、自然選択により分化することから始まる。すると分化したこれらの性質が、同時に互いの交配を妨げるはたらきをもつことによって、種分化を引き起こすのである。こうして、ニッチ分化と種分化が連動する形で適応放散が進む。この場合、地理的隔離がなくても種分化は起こりうる。これはまさに百年前、ギュリックを批判したとき、ウォレスが想定していた種分化のプロセスだ。カタマイマイ対ハワイマイマイ、これは百年の時を超えた、ウォレス対ギュリックの戦いの再来なのだ。

だが、その後ヨーロッパや北中米、アフリカ、大西洋の島のカタツムリを中心に次々と発表された研究には、カタマイマイ属のように著しい適応放散を示したものはなかった。非適応的放散を示す研究や、形質置換を否定する研究ばかりだった。ニッチは埋まっていない、種間競争が強く関与しているとは考えにくい、とする研究も発表された。

やはりカタツムリの群集は中立的な種からなる、という見方は強かった。

そうした中、カタマイマイ属の論文を読んで、この問題に興味をもち、自分の目で確かめようと思った研究者がいた。クリスティン・パレントである。選んだのは、ガラパゴス諸島のトウガタマイマイの仲間だった。パレントはガラパゴスに渡って生態調査を行い、さらに遺伝子解析の結果から、ガラパゴスのカタツムリが顕著な適応放散を遂げたこと、その種分化にニッチ分化が深く関わっていることを明らかにした。小笠原で抱かれた進化の見方は、ダーウィンの島で支持されたのである。

この問題に決着がついたわけではないが、現在ではいくつかの研究で、カタツムリの適応放散が報告されている。また、ニッチ分化あるいは異なる環境への適応が、種分化を引き起こしたことを示唆する結果も得られている。むしろ重要なのは、どちらの見方が妥当かを争うことではなく、違う見方を融合することだ。これからの課題は、いったいどのような条件で適応放散が起こり、どのような条件で非適応的放散が起こるのか、またなぜある群集では中立的なのに、ある群集ではそうでないのか、それを明らかにすることだ。

9　一枚のコイン

速水格がずっと温めていたものの、結局誰も手がけることなく終わった研究テーマがある。海岸に住む巻貝、ウミニナ類の形態変異がその一つだ。速水はウミニナ類に、大きさと形が全く異なる二型があることに気づいていた。ウミニナは化石も多いので、この二型の進化をテーマに、古生物学的な研究ができると考えていたようだ。

そこで私は東北大に赴任してまもなく、学生だった三浦収にこのテーマを提案した。すると三浦はホソウミニナの二型を調べて、その思いもよらない正体を突き止めた。その二型のうち大型のタイプは、実は寄生虫に感染し、体を乗っ取られ、改変されたうえに行動も操作された、ゾンビのような存在だったのだ。つまりこの二型は、本当は二型ではなく、正常なタイプと寄生虫に改変された奇形だったのである。展開は当初の想定とは大きく変わり、三浦は後に寄生虫学者になった。

戦いの本質

私は自分が見たものが示すところに導かれて、好きなようにやったので、速水の進化観は受け継いでいない。むしろその進化観を受け継いだのは、私ではなく、学生たちのほうだ。だが、遺産を受け継いだ私の学生たち——実は本書のいくつかの章にすでに登場している——が、形のギャップの問題や、捕食—被食による形の多様化の仕組み、それに歴史の問題を解決していくのを見て、彼らの見方が、実は自分のニッチ分化による多様化の見方と、一枚のコインの表裏のような、相補的な関係にあることに気づいた。そして、彼らの見方の助けを借りることによって、ギュリックとの和解が可能かもしれない、と感じたのである。

それは、琉球列島のカタツムリやヘビの研究をしていた細将貴と亀田勇一が、ポスドクとして研究室のメンバーに加わったことがきっかけだ。彼らの研究から、琉球列島と小笠原諸島は同じような気候条件にもかかわらず、生態系が全く対照的な世界であることに気づいたのである。

細の研究は衝撃的だった。それは、ニッポンマイマイ属の左巻きと右巻きの集団の分化が、カタツムリを食べるイワサキセダカヘビに対する適応によって生じたことを示したものだった。このヘビは右巻きの貝を食べることに特化し、頭部が非対称になっているため、左巻きの貝をうまく捕食することができない。したがってこのヘビの生息地では、左巻きのタイプは捕食されないため有利になる。すると左巻き個体が増え、集団が確立して、交尾できない右巻きの集団との間に種分化が成立するのである。

ニッポンマイマイ属ではこのプロセスによって、左巻きと右巻きの種群が、繰り返し独立に進化した。細は、このヘビの生息地に分布する右巻きのニッポンマイマイ属では、殻口がゆがんで、ヘビに食われにくい特徴が現れるほか、襲われると軟体部の尾部を自切する、といった行動が進化したことも明らかにしていた。恐るべきは、ヘビの影響の大きさである。

琉球列島のカタツムリにとって、最大の課題は捕食者との戦いである。ここにはヘビの他にも、鳥や哺乳類はもちろん、陸生ホタルやコウガイビルなど、強力な天敵がたくさんいる。捕食者、つまり食う側が多ければ、食われる側の個体数は抑えられ、個体数の変動も大きくなるので、食われる側の種間の競争は緩和される。競争の効果が小さいので、カタツムリ群集は競争など種間の関係に対して中立的な種の集まりになる。ヨーロッパや北米、アフリカなど、大陸のカタツムリ群集が中立的なのはそのせいだろう。

一方の小笠原では、在来の捕食者と言えるのはごく一部の鳥くらい。大陸から遠く隔たっているので、多くの捕食者が渡ってくることができないのだ。だから、個体数が増えて過密になる。環境変動への対応を除けば、彼らにとって最大の課題は、同じニッチを占める者同士の戦い――競争ということになる。

では逆に、共通点はなんだろう。

それは、どちらも戦っているということ。戦う相手が違うだけなのだ。それからもう一つ、捕食―被食にせよ、競争にせよ、トレードオフが存在しているということだ。一方的な勝ち・負けが起きない仕掛けになっている。7章で述べたエゾマイマイの迎撃戦略とヒメマイマイの籠城戦略は、二者択一の戦略だが、原理的にはどちらも等しく効果的だ。マイマイカブリの側の、壊す―潜入する、の戦略も二者択一。カタマイマイ属の樹上性と地上性は、これも二者択一の生活様式だ。どれも機能のトレードオフによって、どっちつかずの中間型が不利になり、いずれかの戦略のプロフェッショナルが等しく有利になっている。

機能のトレードオフは、物理的な制約を意味する。物理的な制約があると、違う形が同じように有利になる。重力の問題を解決するのに、塔形と平形という二通りの形があるように、同じ問題を解決するための違う形があり、これが形の多様さを生むのである。

戦いに直面した時、同じように有利ないくつもの戦略のうち、どの戦略に出会うかを決めるのは、主に偶然だ。一方、実際に戦略が達成されるのは、主に適応の結果である。戦いと偶然はともに関わり合うことにより、進化を通して多様な世界を作り出すのである。

戦いとトレードオフが多様化を進める、と考えるなら、大陸や琉球・台湾といった大陸島のカタツムリで起きた捕食—被食による多様化は、適応放散と共通の原理で起きたもの、ということになるだろう。小笠原のカタマイマイ属の適応放散に対応するのが、極東ロシアのカラフトマイマイ属の多様化や、中国のオナジマイマイ属の多様化、そして琉球と台湾のニッポンマイマイ属の多様化なのである。速水が追究した中生代の海洋変革も、戦いの種類や時間と空間のスケールは異なるものの、小笠原のカタマイマイ属の適応放散と、本質は共通の現象だったのであろう。

しかし、まだ残された問題がある。

小笠原と同様、ハワイもまた海洋島だ。それなのになぜハワイマイマイは、カタマイマイとちがって、中立的で、非適応的放散だったのだろうか？

時の輪

「小笠原のカタツムリは適応放散」——これに異を唱えたのは、私の学生、和田慎一郎だった。彼が調べたのは、小笠原固有のキビオカチグサ類——わずか二ミリのカタツムリ。結果は、カタマイマイ属と逆。その三〇〇万年に及ぶ進化のほとんどの期間、ニッチ分化を生じなかったのだ。そして、遺伝的に大きく異なる別の種が互いに隣接して分布する、非適応的放散を示したのである。

母島の石灰岩地帯では、例外的に平形と塔形の二つのタイプが一つの地点で別種として共存する。だが、その形の違いと生活の仕方や住み場所の間には、何の関係も認められない。ちなみにその地点から二手に分かれるそれぞれのタイプの分布をたどっていくと、別の地点でまた出会い、そこでは中間的な形になって二つの分布がつながっている。まるで、一か所だけ切れて交差したリングのよう。「輪状種」と呼ばれる状況だ。この輪状種は、わずか二〇〇メートルほどの範囲に成立している。世界最小の輪状種である。

「小笠原でも非適応的放散は起きてます」

ぶ厚い図表の束を私の卓上に、どさり、と置くと、和田は私に向かってこう言い放った。

「カタツムリの多様化に重要なのは、適応ではありませんよ」

遂にギュリックの亡霊は、私の教え子の姿を借りて、私の前に姿を現したのである。百年の時を超えた師弟対決。引くに引けない戦いだ。

だが、ある学生の着想が、戦いに和解の道を開いた。

鈴木崇規が試みたのは、計算機を使った進化の実験だった。仮想の島を計算機の中につくり、仮想の遺伝子をもつ生物をつくって、それらの進化が起こり、種分化が起こり、多様な種が生まれ絶滅する、その歴史を観察したのである。

まず試したのは、すべてが中立な状態、いっさい適応が起きない状態だ。突然変異と遺伝的浮動だけで進化が起きる状況を想定した。種分化は地理的隔離によって起こり、群集は中立な種で構成される。ところがこの一番簡単な条件で、意外なパターンが観察された。

シミュレーションが始まると、一気に種分化が進み放散が起こる。ところがそれがピークに達すると、その後はどんどん種分化率が下がり、最後はほとんど種分化が起こらなくなったのだ。このパターンは、適応放散に特徴的なパターンとされるものだ。デビソンが分子時計から推定したカタマイマイ属の種分化パターンもこれである。ニッチが空白なら種分化は急速に起きるが、種が増えてニッチが埋まると、種分化は起こらなくなるからだ。ところがこの計算機シミュレーションの結果は、空白のニッチの有無と無関係に、遺伝的浮動と種の中立的な振る舞いだけで、同じパターンが生じることを示したのである。

適応放散も非適応的放散も、実は同じプロセスが導く二つの現象、つまり同じゲームに用意された二つの結末にすぎないのではないか。この結果から、そんな疑問が湧いてきた。

そこで次に多様な住み場所を用意し、環境への適応が可能な条件にしてみた。すると結果は、やはり思った通り。個体の寿命や活発さなど、生活史の基本設定に制約を与え、それを少し変えるだけで、同じ環境で、非適応的放散と適応放散が作り出された。ランダムな遺伝的浮動のプロセスが卓越する場面と、適応のプロセスが卓越する場面が、それぞれ現れたのである。

ある条件では、空白のニッチはたくさんあるのに、ニッチ分化は起きなかった。地理的隔離によって種分化した多数の中立な種が、分布を重ねることなく隣接して配置された、タイルのような地理的パターン。ギュリックが百年前に見た、ハワイマイマイ類のパターンだ。典型的な非適応的放散である。ところがその同じ環境で、生活史の変数を変えるだけで、今度は目覚ましいニッチ分化が起こり、それに連動して種分化が起こって、劇的な適応放散が生じたのである。それは、同じ物質が温度を変えるだけで、水蒸気になったり、水になったり、氷になったりすることと似ている。非適応的放散も適応放散も、同じ過程の違う姿、コインの表裏というわけだ。

小笠原のカタマイマイ属とキビオカチグサ類で放散の仕方が違うのは、本土の祖先から受け継いだ生活史の性質が違うからであろう。その性質は、祖先がたどってきた長い進化の歴史の中で、適応と偶然の結果として獲得されたものだ。島に渡る前に祖先がたどった歴史によって、島にやってきた子孫がたどるその後の歴史は変わるのである。おそらくはハワイマイマイ類との違いも、この歴史による制約の効果で説明できるだろう。

だがこれはまだ謎解きの出発点だ。理論の正しさは現実のカタツムリで検証されなければならない。次にすべきことはモデルに与えた仮定の妥当さをゲノム解析で確かめること。さらにもう一つ。計算結果との整合性を調べるために、ノートパソコンを抱えていくつもの島をめぐり、崖を登り、山を登り、木に登り、地を這いつつ、さまざまなカタツムリのデータを取ることだ。解決への道は、理論と実験室とフィールドの果てなき研究サイクルなのである。

カタツムリの進化研究を追って見えてきた歴史は、ギュリックとウォレスの戦いで始まった非適応と適応への進化観の分裂が、一方はライト、木村、グールドらをたどり、もう一方はフィッシャー、ケイン、クラークらをたどり、最後に新しい世代の研究者たちを経て共存するという、一か所だけ切れて交差したリングのような歴史であった。見方によっては、非適応かそれとも適応か、中立かそれとも非中立かという、同じところをグルグル回っているだけの、同じ論争の繰り返しに見えるかもしれない。だが実際には論争は、常に新しい発見や展開を促してきた。カタツムリの殻のように、同じところを回っているようで、実は常に新しいステージに登ってきたのである。たとえば、一方は分子――ミクロなレベルの理解へ、もう一方は種から大進化――マクロなレベルへの理解へと。次のステージはきっと分裂したミクロとマクロの共存を目指す研究――遺伝子のネットワークと種のネットワークの結合だ。その新たな研究の舞台でも、やはり非適応と適応の議論は装いを変えて起こるだろう。貝を巻く遺伝子が何億年も前から違う動物の中でずっと似た仕事をしてきたように。

少し気になるのは、この論争はたまたまこのような歴史をたどったのか、それとも何かしら一般性のあるプロセスによって、必然的にこのような経緯をたどったのか、ということである。もし後者なら、すべてはダーウィンが始めたゲームにあらかじめ用意されていたシナリオだった、ということになるのだが。

破滅した世界

私はここまで、戦いの創造的な面ばかり書いてきた。だが最後に、逆のことも書いておかねばならない。物事にはかならず二つ以上の面がある。適応の裏に非適応があるように、光の裏には闇があり、役立つことの裏にはムダがある。

二〇年ほど前に、私がクラークの実験室で見た、大量に飼育されていたポリネシアマイマイ類。それは実は、破滅した世界の末路だったのだ。彼らは、その故郷が失われる寸前に、クラークによって救出されて、実験室の中で人工繁殖により、かろうじて生きながらえていたのである。

クランプトンやクラークたちが研究した、タヒチやモーレアなどのポリネシアマイマイ類は、突然現れたモンスター、カタツムリ、ヤマヒタチオビにことごとく食い尽くされてしまったのだ。この恐るべき捕食者は、故郷のフロリダから人間が持ち込んだものだった。農業害虫のアフリカマイマイを駆除するためである。農薬を使わない、〝自然にやさしい生物農薬〟をうたった技術。だがその結末は、アフリカマイマイの減少ではなく、固有のポリネシアマイマイ類の全滅であった。

歴史を進めるプロセスに一般性があるのなら、歴史は繰り返される。

ハワイマイマイ類が忽然と姿を消したいきさつも、これと同じだったのである。無限に栄えていたハワイマイマイ類を滅ぼした主犯は、やはりヤマヒタチオビであった。そのハワイへの導入もやはり、アフリカマイマイを〝自然にやさしく〟駆除するための技術として進められたものだった。今ではハワイマイマイ類は、ごく一部の島の山のほんの一角と、飼育施設で人工繁殖されたわずかなものが、かろうじて生きながらえているだけである。

歴史を進めるプロセスに一般性があるのなら、歴史はまた繰り返される。

グールドが研究を始めたころ、まだたくさんいたポエキロゾニテスの現生種は、今ではバミューダからほぼ消え去った。これもまたヤマヒタチオビのためであった。このモンスターはやはり、本来の駆除目的である農業害虫のカタツムリには全く効かなかった。その代わり、数十万年以上にわたって繰り返す過酷な気候変動を生き延びて、新たな繁栄を築いていたポエキロゾニテスの現生種を、わずか一〇年で消滅させたのである。

　歴史を進めるプロセスに一般性があるのなら、歴史はまだまだ繰り返される。

　二〇〇一年、久々に小笠原に向かい父島を訪れた私がそこで見たものは、またしても破滅した世界の末路だった。かつてそこには夥しい数のカタマイマイたちが、あきれるほど無防備に暮らしていた。だがその時、そこにあったのは無残に朽ちた死殻の山。生きたカタマイマイは、ただの一匹も見つからなかったのだ。

　父島のカタマイマイたちを滅ぼしたのは、ニューギニアヤリガタリクウズムシ、カタツムリを食べる陸生のプラナリアであった。大河内勇と大林隆司は、このウズムシが、一九九〇年代初めにどこからか父島に持ち込まれ、急激に増えて固有のカタツムリをほとんど全滅させたことを明らかにした。父島のカタマイマイ類は、このウズムシにことごとく食い尽くされてしまったのだ。この恐るべきモンスターが、故郷のニューギニアから持ち出されたのち、拡散した理由も、これを使うことで、アフリカマイマイを自然にやさしく確実に駆除できそうだったからである。

　私はかろうじて生き残っていた父島のカタマイマイを見つけ出して救出し、研究室に持ち帰ってその人工繁殖を始めた。このとき飼育に利用した方法は、くしくも、クラークがポリネシアマイマイの人工繁殖のために使っていた方法だった。

　その後、この飼育技術は当時学生だった森英章の努力により改良され、カタマイマイに最も適した飼育手法が確立した。現在では、小笠原に建設された施設で、行政と住民有志の手により人工繁殖が行われている。しかし父島には至るところにウズムシが蔓延し、カタマイマイが生きていけるのは、飼育施設の中だけだ。どんな狭い隙間にも侵入し、体のわずかな断片からも全身を復元する驚異的な再生力をもち、長期の飢餓にも耐え、高い繁殖力をもつこのウズムシを駆除する手段はない。固有カタツムリという土壌生物の柱を失った父島の生態系は衰え、今やこのウズムシは、小笠原が世界自然遺産地域として存続していくうえで、最大の脅威の一つとなっている。

歴史を知るということ

捕食と被食の関係は、豊かな多様性を創り出すはずだった。だがこれは、それとは全く逆の結末だ。捕食者は多様な世界を作るどころか、虚無と破滅を作り出してしまった。この違いはどこからきたのか。

そもそもウズムシもヤマヒタチオビも、その故郷のニューギニアやフロリダでは、とりたてて目立つ存在ではない。どちらかと言えば日陰の存在だ。いったいそれはなぜだろう。

そのヒントになるのが、こんなテントウムシの話だ。最強のアリマキ捕食者として知られるクリサキテントウは、他の種が食べることのできない大きくて素早いアリマキでも、たちまち捕まえて餌にしてしまう。ところが鈴木紀之の研究によると、このテントウムシは、他種のテントウムシがいると、それに繁殖を邪魔され生きていくことができない。楽に餌を捕れる場所からは、他のテントウムシに追い出されてしまうので、他に誰も来ないような餌をとるのが難しい場所で、「最も優れたアリマキ捕食者」となることで、生きているのである。

本来、強者は弱者なのだ。

自由な戦いの歴史は、いずれ力の均衡をもたらす。長い時間をかけてできあがった、つり合いのとれたシステムでは、戦う相手は皆、同じゲームの参加者だ。どんなゲームにもルールがあるように、進化の歴史は生物と生物の関係にルールを創り出す。

ゲームの中でやっていくためには、戦いの勝者と敗者は、持ちつ持たれつの関係にある。捕食者と被食者の関係も同じ。食われるものがいるから食うものが存在できるのと同時に、食うものがいるから食われるものが存在できる。

ウズムシもヤマヒタチオビもその故郷では、歴史につなぎとめられた均衡の中で、こうした関係に縛られて生きてきたわけだ。しかし、人間の手によって歴史から切り離され、ルールから解き放たれた動物は、モンスターとなり、違うルールのもとに生きてきた世界を破滅させたのである。

ゲームを支配する最も大きなルールの一つは、トレードオフだ。トレードオフのもとでなされる戦いには、絶対的な勝利はない。勝つためには、別のどこかで負けなければならない。だから、誰にでも、いつかどこかで勝つチャンスがある。このような戦いの中では、偶然が果たす創造性が最大化される。だから多様性が生まれるわけだ。

トレードオフを創り出すのは、歴史に由来する制約だ。その故郷でウズムシもヤマヒタチオビも、他のもっと価値ある選択肢を犠牲にし、得にくいカタツムリを狙うという〝ニッチ〟な戦略に最適化することで生きてきた。だが人間がそれを歴史から切り離し、トレードオフを消してしまったのだろう。住んでいる動物の大半がカタツムリという別の世界では、その戦略ゆえに彼らは無敵の捕食者になりうる。ただし、人間がよそから持ち込んだ生物——外来種——のすべてがこのように破壊的となるわけではない。実際には、古くからのその地の住人である在来種と、調和してうまくやっていく外来種も多いのだ。それがなぜなのか、理由はまだよくわかっていない。どの外来種が危険でどれが安全か、私たちが判断できるようになるためには、進化と生態系とその歴史の真実について、もっと多くのことを知らなければならない。そうしたすぐには何の役に立つのかわからない多くのことを、まず知らなければならないのだ。

ハワイマイマイとポリネシアマイマイとポエキロゾニテスとカタマイマイの悲劇は言うまでもなく、生物の進化と歴史への、知識と敬意を欠いたサイエンスがもたらした厄災である。〝自然にやさしく、役に立つ技術〟とは、本当は、自然にとって悪夢のような最終兵器でしかなかったわけだ。

役に立つこと、あるいは技術は、サイエンスという生態系がもつ一つの機能に過ぎない。知る、理解する、というサイエンスの別の機能との関係から切り離された技術は、厄災の源になる。長い歴史が作り出したサイエンスの均衡のルールから、モンスターを解き放つことに他ならないからだ。

サイエンスの生態系で行われている営みの一つは、真実を知ること、理解することを懸けた戦いである。偶然と必然がせめぎ合い、役立つものとすぐには役立たぬものが密接に関わり合い、その中でさまざまな仮説が生まれ、世代を超えて受け継がれ、拘束され、融和し、データに照らしてテストされ、淘汰されてきた。もしその営みの歴史に気づかぬ誰かが、誰かの役に立つものだけに肩入れすることがあれば、サイエンスにもその外側の世界にも、厄災が訪れるだろう。

小さな自然のひとかけらにも、サイエンスのごくローカルな細部にも、偶然と必然が織りなすストーリーがあり、遠い過去から引き継いだ歴史がある。どんな小さな特殊な対象からも、なにかしら大きな普遍的な意義を学ぶことはできる。それを見つけ出して伝えることも、科学者の役割に違いない。

エピローグ

ハワイの昔からの住民が先祖代々言い伝えてきた、歌うカタツムリの伝説。若き日のギュリックが聞き、天からの絶え間ない響きのようだと感じた、そのカタツムリのさざめき声。この話の真偽は、今となっては知る由もない。

だが私は、ギュリックは確かにそれを聞いたのだと確信している。なぜなら、私もそれを聞いたから。

ただし響いてきたその音は、天からではなく地の上からのものだった。

小笠原のある島にて、雨上がりの夏の真夜中、絶えることなく湧き上がるように聞こえてきた不思議なざわめき。短い口笛のような音、軋むような音、ガラスのコップが触れ合うような音、そんな一つひとつの小さな音が幾重にも重なり、共鳴し、ついに波濤のような響きとなって、森や谷間に溢れていた。

その不思議な音色がカタツムリのものだとは、にわかには信じられなかった。しかし確かにその音の主はカタツムリなのだ。ただし、彼らの歌はコオロギのような特別な仕掛けで奏でられたものではなかった。それは足の踏み場もないほど地上に溢れだした、夥しいカタツムリたちの群れが、互いに貝殻をぶつけ合い、求愛し、硬い葉を貪る音だったのである。

もし歴史がただの繰り返しであるなら、ハワイの歌うカタツムリがたどった結末を、小笠原の歌うカタツムリたちもたどるであろう。近い未来に、彼らもやはり地上からその姿を消してしまうだろう。

だが、歴史はただの繰り返しではない。私たちは歴史から学び、新しい知識と出会うことによって、その軌道を変えてきた。私たちは、今度こそ彼らを、姿なき伝説だけの存在にしてはならないし、今度こそそれはうまくいく、と信じている。それは彼らのためと言うより、むしろ人間自身のためである。サイエンスが、人間にとってかけがえのないものであることの証として、そしてやはりサイエンスこそが、実は世界にとって何よりも役立つものであることを示すために。

あとがき

本書は岩波科学ライブラリーシリーズの一冊として出版されたものだが、文庫化にあたり、若干の加筆、修正を加えた。二〇一七年の六月、岩波科学ライブラリー版が出版された日は、ちょうど私が南硫黄島という絶海の孤島で、約九〇〇メートルの山頂に向けてアタックをかけていた日であった。ロープを頼りに急崖に取り付くなか、上から次々降ってくる転石をゲームのように避けるのに必死で、同書のことを意識する暇もなかったのだが、幸運にも登頂に成功し、また島からの帰還もかない、同書の出版を知って改めて無事でよかったと安堵したものである。

そんな危険を冒した理由が、カタツムリの調査だ、と知ると、たいていの人は驚き、あきれるのが常である。そんなものに命懸けになるなんて意味不明、頭がおかしいのではないか、というわけである。しかし本書には、研究者としての人生をかけて、情熱をカタツムリに捧げた人々が登場する。彼らがそこまでこの小さな生き物に執着した理由は何か。それはカタツムリの研究を通して自然の普遍的な原理を見出したい、という壮大な意欲に駆られていたためであろう。

本書では登場人物の敬称は省いた。敬称のないことが敬称だと理解していただければ幸いである。

本書の執筆にあたっては多くの方々のご助力を仰いだ。特に以下に挙げる方々にはお世話になった。

Paul Callomon, Robert Cameron, Robert Cowie, Angus Davison, Rosemary Gillespie, 林守人、平野尚浩、Brenden Holland, 細将貴、亀田勇一、河田雅圭、木村一貴、Joris Koene, 小沼順二、牧雅之、牧野能士、湊宏、森英章、森井悠太、中井静子、根本潤、大路樹生、Robert Ross, Kaustuv Roy, Menno Schilthuizen, 曽田貞滋、鈴木崇規、占部城太郎、和田慎一郎の各氏。

また岩波書店編集部の辻村希望、濱門麻美子の両氏には、多くの貴重な助言をいただいた。ここに深くお礼申し上げる。

二〇二三年二月

千葉　聡

解説　螺旋のようにめぐる進化論争

河田雅圭

カタツムリは歌うのか。ハワイには「歌うカタツムリ」の伝説があるという。カタツムリの群れが創り出す幻想的な音が歌に聞こえるらしい。ダーウィンと同時期にカタツムリの採集をしていたギュリックという宣教師がハワイでその歌を聴き、また、千葉さんも小笠原で聴いたというのである。ダーウィンから始まった進化理論の論争が、ギュリックによる、ハワイのカタツムリについての実証研究をめぐる論争となる。そこから、進化理論の変遷、カタツムリ研究とそれに関わる人々の系譜が、螺旋のように複雑に絡み合いながら、進化理論の論争の歴史として現代まで継続していく。そして、その歴史と系譜が交錯する様に、現在の小笠原で千葉さんが遭遇する。本書のタイトル「歌うカタツムリ」には、そんな意味が込められているのだろう。

本書の著者である千葉聡さんは、世界的に著名な陸産貝類の研究者である。小笠原諸島で独自に進化をとげた陸産貝類の多様性に関する資料は、小笠原諸島の世界自然遺産指定に大きく貢献した。これは千葉さんの研究成果に大きく依存したものであった。カタツムリの生態や進化について語るとき、千葉さんほどの適任者はいないということになる。しかし、本書の主題は、カタツムリについての生態や進化について解説することではない。本書は、研究者のエピソードを交えながら、カタツムリの研究を通してみることができる進化理論の論争の歴史について語られたものだ。

本書では、進化理論に関する論争の中でも、「自然選択か偶然(あるいは遺伝的浮動)か」という、現在でも続いている大きなテーマが主題となっている。たとえば、異なる種の間でみられる形質の違いが、自然選択によるものか、あるいはランダムなものか、という問題である。ダーウィンは、生物の性質が進化する要因として、自然選択のほかに、ランダムな変化も考えていた。しかし、異なる種の間の違いに関しては、自然選択によってそれぞれの種が独自に進化した結果と考えていたようだ。これに対し、宣教師であったギュリックは、ハワイのカタツムリの種間の違いが偶然によるものだと主張した。このときのギュリックの論争の相手は、自然選択をより重要視するウォレスであったようだ(ウォレスの自然選択説は、ダーウィンの個体間に働く自然選択とは少し違っていて、品種や種間での選択を想定していた)。

一九二〇年代から三〇年代にかけて、進化を遺伝子頻度の変化と捉え、その頻度変化の数学的解析を中心にした集団遺伝学が確立された。それにより「選択か偶然か」という論争は、「自然選択と遺伝的浮動(ランダムに遺伝子頻度が変化するプロセス)のどちらが重要か」という進化理論の論争となる。自然選択による進化を強調するフィッシャーと、遺伝的浮動の役割を重視するライトの対立は有名である。その後、ネオダーウィニズムとよばれる立場が主流になり、適応進化、ひいては自然選択の役割がより強調されるようになる。

一九八〇年代になると、二つの大きな論争が生じた。一つは、グールドを筆頭とした古生物学者が、「種間の違いは、種内で生じる進化過程とは異なる機構で急激に生じ、その後は変化しない」と主張したことに端を発する。彼らはそこから、種間の違いは、種分化のときの性質の変化と種間の絶滅率の違いによるもので、自然選択では説明できないとした。これに対して、ネオダーウィニズムからの激しい反論が生じ、大きな論争となったのである。

もう一つは、著書『分子進化の中立説』(向井輝美・日下部真一訳、紀伊國屋書店。原著は *The neutral theory of molecular evolution*, Cambridge University Press) において「分子レベルでの進化のほとんどは遺伝的浮動による偶然によるものだ」と主張した木村資生と、分子レベルでもなんらかの選択が働いているとする研究者との間で生じた論争である。二〇〇〇年代以降も、自然選択か遺伝的浮動(あるいは自然選択以外の要因)かという問いを主題とした対立がいくつか生じている。

このような論争の歴史についてある程度把握している研究者や、進化に詳しい人でも、カタツムリが、その論争のどちらかの要因を支持する重要な証拠を提供する野外の中心的生物であったことを知る人は少ない。本書では、このカタツムリの研究が、どのように「選択か遺伝的浮動(偶然)か」という進化論争に深く関わってきたのかについての研究史と、研究者の系譜が語られている。「ランダムな進化が重要だ」とする実証研究の系譜は、ギュリックのハワイのカタツムリの研究から始まり、クランプトンへと引き継がれる。自然選択を重視する研究は、ケイン、シェパード、フォード、クラークという系譜で引き継がれる。

ここで興味深いのが、これら研究者の系譜と、日本人の研究者とのつながりである。ギュリックは、一八七五年に宣教師として日本に滞在している。そして、平瀬与一郎という人物へ貝類研究の指導をする。また、ギュリックとは別に、同時期に日本に貝類研究を伝えたのがモースである。そしてこの二つの系譜から育った日本人研究者によって、日本の貝類研究の基盤が作られる。そして、駒井卓と江村重雄らによって、オナジマイマイの色彩変異が遺伝的浮動によるものであることを示した古典的研究が発表されることにつながる。さらに駒井は、木村資生の研究をサポートする立場となる。

本書の著者である千葉さんは、この日本人研究者の系譜と少し異なり、グールドとつながりのある古生物学者の速水格を指導教官として、研究をスタートしている。その後、古生物学の素養と知識を活かしたまま、生物学へと転身し、一時期、クラークの研究室で分子解析の手法を習得する。千葉さん自身は、速水の考えを引き継いだわけでもないし、クラークのように自然選択派でもなかった。しかし、小笠原のカタツムリでは、それぞれの種が他種との相互作用によって異なるニッチに適応放散しているという、どちらかというと自然選択が働いているという結果を得る。千葉さんは、そのような論文を投稿したときの、査読者による「ギュリック以来、カタツムリでは種間の性質の違いはランダムである」というコメントを紹介している。千葉さんは小笠原のカタツムリの研究で、ギュリックと遭遇したのである。

カタツムリの研究では、殻の形や色などの形態の種内・種間の違いが、自然選択によるものか、遺伝的浮動など選択とは異なる要因によるものか、という点について論争が行われ、「偶然重視派」が優勢になった時期と「選択重視派」が盛り返した時期など、揺れ動いた状況が本書では詳しく解説されている。さらに、日本人によるカタツムリ研究が、大きく貢献してきたという歴史もみることができる。

ところで、このような「選択か偶然か」といった進化要因について、カタツムリ以外の生物を含めて、現在、進化学ではどのように理解されているのだろうか。本書で千葉さんも指摘しているように、この選択か偶然かは、二者択一的なものではなく、生物種や場所などによって、どちらがより変異を創り出している要因として重要なのかという問題である。どちらの要因も重要であることは、多くの研究者が認めているところである。しかし、種間の性質の違いと種分化に関しては、最近、いくつか重要な見解が提出されている。それらについて、簡単に触れておこう。

ギュリックは、「新しい種ができる「種分化」は、異なる集団同士で交配が妨げられる性質(生殖隔離)が進化することだ」と正しく認識していたようだ。さらに、種分化は、集団が地理的に隔離され、集団のもつ性質が異なる方向にランダムに変化することによって起こる、と考えた。現在、この考えは否定されているわけではないが、「生殖隔離に関わる遺伝子は、遺伝的浮動でランダムに変化した結果である」という捉え方には、否定的な研究が多い。

生殖隔離に関わる遺伝子の中で、交配した後、子どもが産まれないか、子どもの繁殖力が低下するような遺伝子(遺伝的不和合性遺伝子)がどのように進化するかについて、分子レベルから多くのことが明らかになってきている。簡単に説明すると、このような生殖隔離に関わる不和合性遺伝子によって生殖隔離が進化するためには、複数の遺伝子が必要になることが理論的に指摘されている。そのような複数の遺伝子(ゲノム上の異なる位置にある遺伝子座)は、お互い拮抗的に共進化することで、急速に進化する可能性が高い。たとえば、雄に有利になるような遺伝子が自然選択で進化すると、雌に関するある遺伝子が不利になる。そのため、その遺伝子は不利にならないように選択をうける。このように、対立的な利害関係にある異なる遺伝子同士が共に加速して進化することを、

「拮抗的共進化」という。つまり、生殖隔離の進化は、自然選択による拮抗的共進化によって進化している場合が多いというのである。この場合、生殖隔離に関わる遺伝子は、自然選択の影響をうけて速く進化するが、その生物の生息環境への適応とは関係がないということになる。

また、脊椎動物について、種が分岐した後、その性質が自然選択をうけて異なる方向に進化したのか、ランダムに進化したのかについて、鳥類を中心に、哺乳類や両生類も含む一〇〇〇以上の種間で比べた研究成果が発表された。そこでは、異なる方向に自然選択をうけて進化した種のペアはごくわずかで、他のほとんどのペアでは、異なる種の性質は同じ方向に選択をうけ、進化したことが示された。すなわち、多くの種間では、種が分岐してから自然選択をうけて異なる方向に進化したわけでも、ランダムに変化していったわけでもなく、同じ方向に選択をうけて、変化しない方向に進化しているという結果である。今後、脊椎動物以外の生物についても同様の結論が出るのかを検証する必要があるだろう。

種内の変異についてはどうだろうか。近年、生物の全ゲノム配列(生物がもつすべてのDNA配列)が解読され、自然選択が働いているゲノム配列の領域が推定されるようになってきた。ショウジョウバエやヒトのゲノム配列の解析によると、全DNA配列のうち、自然選択をうけて積極的に集団内に変異として維持されている変異は数パーセントに過ぎないことが示されている。その他は、遺伝的浮動によってランダムに増えたり消失したりしている中立の変異と、自然選択により除去されるまで残っている有害な突然変異がほとんどであることがわかった。種内の個体の性質の違いのうち、環境と関連して自然選択で維持されているものはわずか、ということになる。

選択か遺伝的浮動かという論争は、最近、別の側面でも生じている。これまで、ゲノム上のタンパク質をコードしない遺伝子間領域のゲノム配列のほとんどは、自然選択をうけない中立な変異として進化しているとみなされていた。しかし二〇一二年、ヒトゲノムの解析により、その七六パーセントが、DNA配列をもとにRNAに翻訳されていることがわかり、ゲノム領域の八〇パーセント以上は、生物において何らかの機能をもっており、中立ではない配列であると提唱されたのだ。しかし、DNAからRNAに翻訳された配列のすべてが、生物個体の生存や繁殖に機能している配列とは限らず、この見解に対しては多くの反論が寄せられた。

カタツムリの研究は、貝殻を野外から採集することが比較的容易で、またその貝殻は、形態や色彩といった計測しやすい性質をもっている。そのために多くの生態学や進化学に関わる研究が行われ、重要な貢献がされてきた。また、ダーウィンの時代から引き継がれてきた研究の蓄積もある。しかし、近年、他の進化のモデル生物では、全ゲノム配列を用いた進化研究や、多くの研究によって蓄積されてきた形態や系統の膨大なデータをつかった進化傾向の解析などが主流になってきている。カタツムリでは、殻の形態に関わる遺伝子などがいくつか明らかになってきているが、複雑な殻の形態や色彩とゲノム上のＤＮＡ配列の変異との関係は、まだこれからの課題だ。今後、千葉さんに影響を受けた若い研究者が、新たな視点から、進化理論へ大きなインパクトを与える実証研究の系譜をつないでいくことを期待したい。

（東北大学総長特命教授）

参考・引用文献

プロローグ，1 歌うカタツムリ

Newcomb, W. (1853) Proceedings of the Zoological Society of London 21: 128-157.

Barnacle, H. G. (1883) Journal of Conchology 4: 118.

Gulick, A. (1932) Evolutionist and Missionary, John Thomas Gulick: Portrayed through Documents and Discussions. The University of Chicago Press.（『貝と十字架 ── 進化論者宣教師 J. T. ギュリックの生涯』渡辺正雄・榎本恵美子訳，1988，雄松堂出版）

Perkins, R. C. L. (1913) In: Fauna Hawaiiensis (ed. D. Sharp.), pp. xv-ccxxviii. Cambridge University Press.

Bryan, E. H., Jr. (1935) Hawaiian Nature Notes, 2nd ed. Star-Bulletin.

Civeyrel, L. & Simberloff, D. (1996) Biodiversity and Conservation 5: 1231-1252.

Holland, B. S. & Hadfield, M. G. (2004) Molecular Phylogenetics and Evolution 32: 588-600.

Darwin, C. (1859) On the Origin of Species. John Murray.

Darwin, C. (1839) Narrative of the surveying voyages of His Majesty's Ships Adventure and Beagle between the years 1826 and 1836, describing their examination of the southern shores of South America, and the Beagle's circumnavigation of the globe. Journal and remarks. 1832-1836. Henry Colburn.

Grant, K. T. & Estes, G. B. (2009) Darwin in Galápagos: Footsteps to a New World. Princeton University Press.

Burkhardt, F. & Smith, S. (1990) The Correspondence of Charles

Darwin, Vol. 6: 1856-1857. Cambridge University Press.
Darwin, C. (1872) The Origin of Species by Means of Natural Selection, or the Preservation of Favoured Races in the Struggle for Life. John Murray. 6th ed.
Gulick, A. (1924) The Scientific Monthly 18: 83-91.
Kay, E. A. (1970) Hawaiian Shell News 18: 1-7.
Kay, E. A. (1997) Hawaiian Journal of Natural History 31: 27-52.
Gulick, J. T. (1858) Annals of the Lyceum of Natural History of New York 6: 173-255.
Gulick, J. T. (1872) Nature 6: 222-224.
Gulick, J. T. (1873) Journal of the Linnean Society 11: 496-505.
Gulick, J. T. (1873) Proceedings of the Zoological Society of London, Jan 21, 1873: 89-91.
Gulick, J. T. & Smith, E. A. (1873) Proceedings of the Zoological Society of London, Jan 7, 1873: 73-89.
渡辺正雄(1966)科学史研究 77: 10-15.
Gulick, J. T. (1883) The Chrysanthemum 3: 6-11.
Gulick, J. T. (1887-1893) Correspondence with George John Romanes.
Gulick, J. T. (1888) Zoological Journal of the Linnean Society 20: 189-274.
Gulick, J. T. (1889) Proceedings of the Boston Society of Natural History 24: 166-167.
Gulick, J. T. (1889) Journal of the Linnean Society 23: 312-380.
Gulick, J. T. (1890) American Journal of Science 39: 21-30.
Gulick, J. T. (1890) Nature 41: 535-537.
Gulick, J. T. (1890) Nature 42: 28-29.
Gulick, J. T. (1890) Nature 42: 369-370.
Gulick, J. T. (1890) American Journal of Science 40: 437-442.
Slotten, R. A. (2004) The Heretic in Darwin's Court: The Life of Alfred Russel Wallace. Columbia University Press.

Lesch, J. (1975) Isis: A Journal of the History of Science Society 66: 483–503.
Wallace, A. R. (1889) Nature 38: 490–491.
Wallace, A. R. (1889) Darwinism: An exposition of the theory of natural selection, with some of its applications. Macmillan.
Romanes, G. J. (1886) Journal of the Linnean Society 19: 337–341.
Romanes, G. J. (1892–1897) Darwin and after Darwin: An exposition of the Darwinian theory and a discussion of post-Darwinian questions, Vols. 1–3. Open Court.
Romanes, G. J. (1897) The Monist 8: 19–38.
Gulick, J. T. (1890) American Journal of Science 40: 1–14.
The Friend (Newspapers) (1890) Romanes' estimate of J. T. Gulick. Vol. 48, 11, S. C. Damon, Honolulu.
Gulick, J. T. (1897) Nature 55: 508–509.
Gulick, J. T. (1904) American Naturalist 38: 494–496.
Gulick, J. T. (1905) Evolution, Racial and Habitudinal. Carnegie Institution of Washington.
Gulick, J. T. (1906) Science 23: 433–434.
Gulick, J. T. (1908) American Naturalist 42: 48–57.
Gulick, J. T. (1910) American Naturalist 44: 561–564.
Gulick, J. T. (1914) American Naturalist 48: 63–64.
Jordan, D. S. (1923) Science 43: 509.
Reif, W. E. (1985) Zeitschrift für Zoologische Systematik und Evolutionsforschung 23: 161–171.
Rundell, R. J. (2011) American Malacological Bulletin 29: 145–158.
Mayr, E. (1982) The Growth of Biological Thought: Diversity, Evolution, and Inheritance. Harvard University Press.
Hall, B. K. (2006) Journal of Experimental Zoology (Mol. Dev. Evol.) 306: 407–418.
Hall, B. K. (2006) Journal of Experimental Zoology (Mol. Dev. Evol.) 306: 489–495.

2　選択と偶然

Crampton, H. E. (1910) The American Museum Journal 10: 122-132.

Murray, J. (1998) Archives of Natural History 25: 423-430.

Crampton, H. E. (1894) Annals of the New York Academy of Sciences 8: 167-170.

Crampton, H. E. (1897) Biological Lectures, Wood's Holl 11: 1-11.

Wilson, E. B. (1901) Science 13: 14-23.

Crampton, H. E. (1916) Carnegie Institution of Washington Publications 228: 1-311.

Cain, J. & Ruse, M. (2009) Transactions of the American Philosophical Society 99: 1-386.

Crampton, H. E. (1925) Carnegie Institution of Washington Publications 228A: 1-116.

Crampton, H. E. (1932) Carnegie Institution of Washington Publications 410: 1-335.

Sarkar, S. (ed) (1992) The Founders of Evolutionary Genetics, Kluwer.

Clarke, C. (1990) British Medical Journal 301: 1446-1448.

Box, J. F. (1978) R. A. Fisher: The life of a scientist. Wiley.

Kruskal, W. (1980) Journal of the American Statistical Association 75: 1019-1030.

Irwin, J. O. et al. (1963) Journal of the Royal Statistical Society A 126: 159-178.

Neyman, J. (1967) Science 156: 1456-1460.

Mazumdar, P. M. H. (1992) Eugenics, Human Genetics and Human Failings. Routledge.

Barkan, E. (1992) The retreat of scientific racism: Changing concepts of race in Britain and the United States between the world wars. Cambridge University Press.

Piegorsch, W. W. (1990) Biometrics 46: 915-924.

Gayon, J. (1998) Darwinism's Struggle for Survival: Heredity and the Hypothesis of Natural Selection. Cambridge University Press.

Edwards, A. W. F. (2001) In: Encyclopedia of Genetics (ed. E. C. R. Reeve), pp. 77–83. Fitzroy Dearborn.

Fisher, R. A. (1914) Eugenics Review 5: 309–315.

Fisher, R. A. (1918) Transactions of the Royal Society of Edinburgh 52: 399–433.

Fisher, R. A. (1922) Proceedings of the Royal Society of Edinburgh 42, 321–341.

Leigh, E. G. (1986) In: Oxford Surveys in Evolutionary Biology, 3 (ed. R. Dawkins & M. Ridley), pp. 187–223. Oxford University Press.

Leigh, E. G. (1987) In: Oxford Surveys in Evolutionary Biology, 4 (ed. P. H. Harvey & L. Partridge), pp. 212–263. Oxford University Press.

Sarkar, S. (2004) Philosophy of Science 71: 1215–1226.

Ford, E. B. (2005) Genetics 171: 415–417.

Fisher, R. A. (1930) The Genetical Theory of Natural Selection. Clarendon Press.

Frank, S. A. & Slatkin, M. (1992) Trends in Ecology and Evolution 7: 92–95.

Crow, J. F. (2002) Evolution 56: 1313–1316.

Bennett, J. H. (ed) (1983) Natural Selection, Heredity, and Eugenics: Including Selected Correspondence of R. A. Fisher with Leonard Darwin and Others. Clarendon Press.

Crow, J. F. (1982) Perspectives in Biology and Medicine 2: 279–294.

Crow, J. F. (1987) Genetics 115: 1–2.

Crow, J. F. (1988) Genetics 119: 1–4.

Crow, J. F. (1988) National Academy of Sciences Biographical

Memoirs 64: 438–455.
Provine, W. B. (1971) The Origins of Theoretical Population Genetics. University of Chicago Press.
Provine, W. B. (1986) Sewall Wright and Evolutionary Biology. University of Chicago Press.
Joshi, A. (1999) Resonance 4: 54–65.
Kellogg, V. L. (1907) Darwinism to-day: A discussion of present day scientific criticism of the Darwinian selection theories, together with a brief account of the principal other proposed auxiliary and alternative theories of species-forming. Henry Holt & Co.
Wright, S. (1922) U.S. Department of Agriculture Bulletin 1090: 1–36.
Wright, S. (1922) U.S. Department of Agriculture Bulletin 1090: 37–63.
Wright, S. (1922) U.S. Department of Agriculture Bulletin 1121: 1–59.
Wright, S. (1931) Genetics 16: 97–159.
Wright, S. (1951) American Scientist 39: 452–458.
Wright, S. (1932) Proceedings of the 6th International Congress of Genetics 356–366.
Wright, S. (1982) Annual Review of Genetics 16: 1–19.
Provine, W. B. (1985) In: Oxford Surveys in Evolutionary Biology, 2 (ed. R. Dawkins & M. Ridley), pp. 197–219. Oxford University Press.
Frank, S. A. (2012) In: The Adaptive Landscape in Evolutionary Biology (eds. E. Svensson & R. Calsbeek), pp. 41–57. Oxford University Press.
Fisher, R. A. (1928) American Naturalist 62: 115–126.
Fisher, R. A. (1928) American Naturalist 62: 571–574.
Wright, S. (1929) American Naturalist 63: 274–279.

Fisher, R. A. (1929) American Naturalist 63: 553-556.
Wright, S. (1929) American Naturalist 63: 556-561.
Fisher, R. A. (1930) Proceedings of the Royal Society of Edinburgh 50: 204-219.
Wright, S. (1930) Journal of Heredity 21: 349-356.
Edwards, A. W. F. (1990) Theoretical Population Biology 38: 276-284.
Edwards, A. W. F. (1994) Biological Reviews 69: 443-474.
Turner, J. R. G. (1987) In: The Probabilistic Revolution. Vol. 2: Ideas in the Sciences (eds. G. Gigerenzer, L. Krüger & M. Morgan), pp. 313-354. MIT Press.
Skipper, R. A. (2002) Biology and Philosophy 17: 341-367.
Plutynski, A. (2005) Biology and Philosophy 20: 697-713.

3 大蝸牛論争

Provine, W. B. (1986) Sewall Wright and Evolutionary Biology. University of Chicago Press.
Millstein, R. L. (2009) In: Descended from Darwin: Insights into the History of Evolutionary Studies, 1900-1970 (eds. J. Cain & M. Ruse), pp. 271-298. American Philosophical Society.
Brush, S. G. (2015) Making 20th Century Science: How Theories Became Knowledge. Oxford University Press.
Dobzhansky, T. (1962-1963) The Reminiscences of Theodosius Dobzhansky. 2. Oral History. Columbia University.
Berg, P. & Singer, M. (2003) George Beadle, an Uncommon Farmer: The Emergence of Genetics in the 20th Century. Cold Spring Harbor Laboratory Press.
Dobzhansky, T. & Sturtevant, A. H. (1938) Genetics 23: 28-64.
Lewontin, R. C. et al. (1981) Dobzhansky's Genetics of Natural Populations. Columbia University Press.
Crow, J. F. (2008) Annual Review of Genetics 42: 1-16.

Fisher, R. A. & Diver, C. (1934) Nature 133: 834–835.
Diver, C. (1936) Proceedings of the Royal Society B 121: 43–73.
Diver, C. (1940) In: The New Systematics (ed. J. Huxley), 303–308. Oxford University Press.
Dobzhansky, T. (1937) Genetics and the Origin of Species. Columbia University Press.
Mayr, E. (1942) Systematics and the Origin of Species. Columbia University Press.
Huxley, J. (1942) Evolution: The Modern Synthesis. George Allen & Unwin.
Wright, S. (1943) Genetics 28: 114–138.
Wright, S. (1943) Genetics 28: 139–156.
Ford, E. B. (2005) Genetics 171: 415–417.
Clarke, B. C. (1995) Biographical Memoirs of Fellows of the Royal Society 41: 147–168.
Fisher, R. A. & Ford, E. B. (1947) Heredity 1: 143–174.
Fisher, R. A. & Ford, E. B. (1950) Heredity 4: 117–119.
Clarke, B. C. (2008) Biographical Memoirs of Fellows of the Royal Society 54: 47–57.
Turner, J. R. G. (1977) Journal of the Lepidopterists' Society 3: 205–206.
Cain, A. J. & Sheppard, P. M. (1950) Heredity 4: 275–294.
Millstein, R. L. (2008) Journal of the History of Biology 41: 339–367.
Lamotte, M. (1951) Bull. Biol. Fr. Belg. 35 (Suppl.): 1–239.
Cain, A. J. & Sheppard, P. M. (1954) Genetics 39: 89–116.
Lamotte, M. (1959) Cold Spring Harbor Symposia on Quantitative Biology 24: 65–86.
Wright, S. (1959) Cold Spring Harbor Symposia on Quantitative Biology 24: 86.
Sheppard, P. M. (1951) Heredity 5: 359–378.

Kettlewell, H. B. D. (1955) Heredity 9: 323-342.
Wright, S. (1948) Evolution 2: 279-294.
Cain, A. J. & Currey, J. D. (1963) Philosophical Transactions of the Royal Society of London B 246: 1-81.
Cain, A. J. & Currey, J. D. (1963) Journal of the Linnaean Society of London Zoology 45: 1-15.
Cain, A. J. & Currey, J. D. (1963) Heredity 18: 467-471.
Wright, S. (1978) Evolution and the Genetics of Populations: Vol. 4. Variability within and among Natural Populations. University Chicago Press.
Clarke, B. C.　私信.
Brookfield, J. (2017) American Philosophical Society 161: 85-95.
Clarke, B. C. (1960) Heredity 14: 423-443.
Clarke, B. C. (1962) Heredity 17: 319-345.
Clarke, B. C. (1964) Evolution 18: 364-369.
Clarke, B. C. (1968) In: Evolution and Environment (ed. E. T. Drake), pp. 351-368. Yale University Press.
Allen, J. A. & Clarke, B. C. (1968) Nature 220: 501-502.
Soane, I. D. & Clarke, B. C. (1973) Nature 241: 62-64.
Clarke, B. C. (1966) American Naturalist 100: 389-402.
Clarke, B. C. et al. (1978) In: Pulmonates, Vol. 2A: Systematics, Evolution and Ecology (eds. V. Fretter & J. Peake), pp. 220-270. Academic Press.
Clarke, B. C. & Murray, J. (1971) In: Ecological Genetics and Evolution (ed. R. Creed), pp. 51-64. Blackwell Scientific Publ.
Provine, W. B. (1983) In: Dimensions of Darwinism (ed. M. Grene), pp. 43-70. Cambridge University Press.
Gould, S. J. (1983) In: Dimensions of Darwinism (ed. M. Grene), pp. 71-93. Cambridge University Press.
Gould, S. J. (2002) The Structure of Evolutionary Theory. Harvard University Press.

Mayr, E. (1960) Animal Species and Evolution. Harvard University Press.
Huxley, J. (1951) In: Genetics in the twentieth century: Essays on the progress of genetics during its first 50 years (ed. J. L. Dunn), pp. 591-621. Macmillan.
Dobzhansky, T. (1970) Genetics of the Evolutionary Process. Columbia University Press.
Ford, E. B. (1964) Ecological Genetics. Chapman & Hall.
Crow, J. F. (1990) Journal of the History of Biology 23: 57-89.
Wade, M. J. & Goodnight, C. J. (1998) Evolution 52: 1537-1553.
Gavrilets, S. (1997) Trends in Ecology & Evolution 12: 307-312.
Coyne, J. A. et al. (1997) Evolution 51: 643-669.
Coyne, J. A. et al. (2000) Evolution 54: 306-317.
Svensson, E. & Calsbeek, R. (eds.) (2012) The Adaptive Landscape in Evolutionary Biology. Oxford University Press.
Crow, J. F. (1990) Theoretical Population Biology 38: 263-275.
Grafen, A. (2003) Journal of the Royal Statistical Society D 52: 319-330.
Edwards, A. W. F. (1987) Nature 326: 10.
Edwards, A. W. F. (1987) Nature 329: 10.
Cameron, R. A. D. et al. (1980) Biological Journal of the Linnean Society 14: 335-358.
Cameron, R. A. D. & Dillon, P. J. (1984) Malacologia 25: 271-290.
Jones, J. S. et al. (1980) Biological Journal of the Linnean Society 14: 359-387.
Jones, J. S. et al. (1977) Annual Review of Ecology and Systematics 8: 109-143.

4　日暮れて道遠し

Komai, T. & Emura, S. (1955) Evolution 9: 400-418.
Howard, L. O. (1937) Biographical Memoirs of the National

Academy of Sciences 17: 3-29.
Wayman, D. G. (1942) Edward Sylvester Morse: A Biography. Harvard University Press.
Morse, E. S. (1864) Journal of the Portland Society of Natural History 1: 1-63.
Morse, E. S. (1867) Annals of the Lyceum of Natural History of New York 8: 207-212.
Lurie, E. (1988) Louis Agassiz: A Life in Science. Johns Hopkins University Press.
Irmscher, C. (2013) Louis Agassiz: Creator of American Science. Houghton Mifflin Harcourt.
Morse, E. S. (1917) Japan Day by Day. Houghton Mifflin.(『日本その日その日 1-3』石川欣一訳, 1970, 東洋文庫)
中西道子(2002)モースのスケッチブック. 新異国叢書.
Morse, E. S. (1873) Proceedings of the Boston Society of Natural History 15: 315-372.
Morse, E. S. (1867) American Naturalist 1: 5-16.
Winsor, M. P. (1991) Reading the Shape of Nature: Comparative Zoology at the Agassiz Museum. University of Chicago Press.
渡辺正雄(1976)お雇い米国人科学教師. 講談社.
溝口元(2001)生物学史研究 68: 1-13.
駒井卓(1944)遺伝学叢話. 甲鳥書林.
駒井卓(1924)動物学雑誌 36: 42-44.
駒井卓(1963)遺伝学に基づく生物の進化. 培風館.
飯島魁(1892)動物学雑誌 4: 136-139, 187-189, 243-246.
飯島魁(1892)動物学雑誌 4: 273-275, 356-359.
飯島魁(1893)動物学雑誌 5: 25-38, 85-66, 178-181.
江村重雄(1978)ちりぼたん 10: 56-57.
池田嘉平(1928)動物学雑誌 40: 493-495.
Ikeda, K. (1937) J. Sci. Hiroshima Univ., Ser. B 5: 66-123.

江村一雄(1984)しぶきつぼ 10: 28-42.
江村重雄(1932)ヴキナス 3: 72-91.
江村重雄(1932)ヴキナス 3: 133-143.
池田嘉平・江村重雄(1943)ヴキナス 4: 208-224.
江村重雄(1933)ヴキナス 4: 17-24.
池田嘉平・江村重雄(1937)動物学雑誌 43: 123.
江村重雄(1940)遺傳學雑誌 16: 281-285.
加藤弘之(1882)人権新説. 谷山楼.
中園嘉巳(2012)青山スタンダード論集 7: 175-184.
鵜浦裕(1991)講座進化 2(柴谷篤弘他編), pp. 119-152, 東京大学出版会.
渡辺正雄(1966)科学史研究 77: 10-15.
Watanabe, M. (1966) Japanese Studies in the History of Science 5: 140-149.
Amundson, R. (1994) In: Darwin's Laboratory: Evolutionary Theory and Natural History in the Pacific (eds. R. MacLeod & P. F. Rehbock), pp. 110-139. University of Hawaii Press.
Harper, P. (2010)国際研究・文化研究 14: 75-82.
カロモン ポール・多田昭(2006)西宮市貝類館研究報告 4, 西宮市貝類館. (Callomon, P. & Tada, A. (2006) Bulletin of the Nishinomiya Shell Museum 4, Nishinomiya Shell Museum)
黒田徳米(1953)夢蛤 73: 24-25.
黒田徳米(1958) Venus 20: 1-6.
平瀬与一郎(1894)学術標本用介類蒐集案内. 平瀬商店.
平瀬与一郎(1902)動物学雑誌 14: 365-374.
平瀬与一郎(1907-1912)介類雑誌.
平瀬与一郎(1914)平瀬貝類博物館案内. 平瀬介館.
黒田徳米(1946) Venus 14: 167-183.
東薫(1987)貝に魅せられた一生 —— 黒田徳米ものがたり. 築地書館.
波部忠重(1988)遺伝 42: 2-3.
池辺展生(1987)地質學雑誌 93: 165-166.

駒井卓(1948)生物進化学．培風館.
黒田徳米(1973) Venus 31: 164-165.
波部忠重(1986)ちりぼたん 17: 48-49.
中山駿馬(1963)ちりぼたん 2: 164-166.
中山伊兎(1968)ちりぼたん 5: 84-86.
駒井卓(1951)ヴキナス 16: 87-103.
駒井卓・江村重雄(1956)集団遺伝学(駒井卓・酒井寛一編)，pp. 61-76，培風館.
Clarke, B. C. (1960) Heredity 14: 423-443.
Clarke, B. C. (1978) In: Ecological Genetics: the Interface (ed. P. F. Brussard), pp. 159-170. Springer-Verlag.
Kimura, M. (1991) Proc. Natl. Acad. Sci. USA 88: 5969-5973.
Kimura, M. (1954) Genetics 39: 280-295.
Nei, M. (1995) Molecular Biology and Evolution 12: 719-722.
Crow, J. F. (1996) Journal of Genetics 75: 5-8.

5　自然はしばしば複雑である

Watson, J. D. & Crick, F. H. C. (1953) Nature 171: 737-738.
Kimura, M. (1968) Nature 217: 624-626.
Kimura, M. (1969) Proc. Natl. Acad. Sci. USA 63: 1181-1188.
King, J. L. & Jukes, T. H. (1969) Science 164: 788-798.
Clarke, B. C. (1970) Science 168: 1009-1011.
Clarke, B. C. & Kirby, D. R. S. (1966) Nature 211: 999-1000.
Day, T. H. et al. (1974) Biochem Genet. 11: 141-153.
Richmond, R. (1970) Nature 225: 1025-1028.
Kimura, M. (1977) Nature 267: 275-276.
Li, W. H. et al. (1981) Nature 292: 237-239.
Miyata, T. & Yasunaga, T. (1981) Proc. Natl. Acad. Sci. USA 78: 450-453.
Kimura, M. & Ohta, T. (1971) Nature 229: 467-469.
Kimura, M. & Ohta, T. (1974) Proc. Natl. Acad. Sci. USA 71:

2848-2852.
Ohta, T. (1973) Nature 246: 96-98.
Ohta, T. (1992) Annual Review of Ecology and Systematics 23: 263-286.
Kimura, M. (1983) The Neutral Theory of Molecular Evolution. Cambridge University Press. (『分子進化の中立説』向井輝美・日下部真一訳, 1986, 紀伊國屋書店)
木村資生(1988)生物進化を考える. 岩波新書.
Dickerson, R. E. (1971) Journal of Molecular Evolution 1: 26-45.
Nei, M. & Kumar, S. (2000) Molecular Evolution and Phylogenetics. Oxford University Press.
Yang, Z. & Rannala, B. (2012) Nature Rev. Genet. 13: 303-314.
Biswas, S. & Akey, J. M. (2006) Trends in Genetics 22: 437-446.
Ohno, S. (1970) Evolution by Gene Duplication. Springer-Verlag.
Force, A. et al, (1999) Genetics 151: 1531-1545.
Zhang, J. (2003) Trends in Ecology & Evolution 18: 292-298.
Magadum, S. et al. (2013) Journal of Genetics 92: 155-161.
Thomaz, D. et al. (1996) Proc. R. Soc. Lond. B 263: 363-368.
Hayashi, M. & Chiba, S. (2000) Biological Journal of the Linnean Society 70: 391-401.
Watanabe, Y. & Chiba, S. (2001) Molecular Ecology 10: 2635-2645.
Thacker, R. W. & Hadfield, M. G. (2000) Molecular Phylogenetics and Evolution 16: 263-270.
Gittenberger, E. et al. (2004) Molecular Phylogenetics and Evolution 30: 64-74.
Hugall, A. et al. (2002) Proc. Natl. Acad. Sci. USA 99: 6112-6117.
Nekola, J. C. et al. (2009) Molecular Phylogenetics and Evolution 53: 1010-1024.
Parmakelis, A. et al. (2013) PLoS ONE 8: e61970.
Davison, A. & Chiba, S. (2008) Phil. Trans. R. Soc. Lond. B 363:

3391-3400.
Wade, C. M. et al. (2000) Proc. R. Soc. Lond. B 268: 413-422.
Davison, A. et al. (2005) Journal of Zoology 267: 329-338.
Davison, A. & Clarke, B. C. (2000) Proc. R. Soc. Lond. B 267: 1399-1405.
Davison, A. (2000) Biological Journal of the Linnean Society 70: 697-706.
Cameron, R. A. D. et al. (2012) Biological Journal of the Linnean Society 108: 473-483.
Cook, L. M. (1998) Phil. Trans. R. Soc. B 353: 1577-1593.
Schilthuizen, M. (2013) Heredity 110: 247-252.
Jones, J. S. et al. (1977) Annu. Rev. Ecol. Syst. 8: 109-143.
Schwander, T. et al. (2014) Current Biology 24: R288-R294.
Thompson, M. J. & Jiggins, C. D. (2014) Heredity 113: 1-8.
Le Poul, Y. et al. (2014) Nat Commun 5: 5644.
Kunte, K. et al. (2014) Nature 507: 229-232.
Nishikawa, H. et al. (2015) Nat Genet 47: 405-411.
Richards, P. M. et al. (2013) Molecular Ecology 22: 3077-3089.
Kerkvliet, J. et al. (2017) PeerJ 5: e2928v1.
Sturtevant, A. H. (1923) Science 58: 269-270.
Shibazaki, Y. et al. (2004) Current Biology 14: 1462-1467.
Davison, A. et al. (2016) Current Biology 26: 654-660.
Clarke, B. C. (1979) Proc. R. Soc. Lond. B 205: 453-474.
Clarke, B. & Allendorf, F. W. (1979) Nature 279: 732-734.
Korneev, S. A. et al. (1999) Journal of Neuroscience 19: 7711-7720.
Tam, O. H. et al. (2008) Nature 453: 534-538.
Wen, Y-Z. et al. (2012) RNA Biology 9: 27-32.
Chamary, J. V. et al. (2006) Nat. Rev. Genet 7: 98-108.
Zeng, K. & Charlesworth, B. (2009) Genetics 183: 651-662.
Clarke, B. C. & Allendorf, F. W. (1979) Nature 279: 732-734.

Alcaide, M. (2010) Molecular Ecology 19: 3842–3844.
Villanea, F. A. et al. (2015) PLoS One 10: e0125003.
Brookfield, J. (2017) American Philosophical Society 161: 85–95.
田邉晶史(2014)日本生態学会誌 64: 37–38.

6 進化の小宇宙

Gulick, A. (1904) Proc. Acad. Natl. Sci. Philadelphia 56: 406–425.
Gould, S. J.　私信.
Sepkoski, D. (2009) In: Descended from Darwin: Insights into American Evolutionary Studies, 1925–1950 (eds. J. Cain & M. Ruse), pp. 179–197. American Philosophical Society Press.
Allen, G. E. (2014) In: The Princeton Guide to Evolution (ed. Losos, J. B.), pp. 10–27. Princeton University Press.
Olson, E. C. (1991) National Academy of Sciences 60: 331–353.
Simpson, G. G. (1944) Tempo and Mode in Evolution. Columbia University Press.
Shanahan, T. (2004) The Evolution of Darwinism: Selection, Adaptation, and Progress in Evolutionary Biology. Cambridge University Press.
Mayr, E. (1942) Systematics and the Origin of Species. Columbia University Press.
Mayr, E. (1988) Toward a New Philosophy of Biology: Observations of an Evolutionist. Harvard University Press.
Mayr, E. (1963) Animal species and evolution. Harvard University Press.
Newell, N. D. (1947) Evolution 1: 163–171.
Newell, N. D. (1956) Evolution 10: 97–101.
Newell, N. D. (1965) Science 149: 922–924.
Gould, S. J. (1971) Nautilus 84: 86–93.
Gould, S. J. (1966) Biological Reviews 41: 587–640.
Gould, S. J. (1969) Bulletin of the Museum of Comparative Zool-

ogy 138: 407–532.
Gould, S. J. (1970) Science 168: 572–573.
Sepkoski, D. (2012) Rereading the fossil record: The growth of paleobiology as an evolutionary discipline. The University of Chicago Press.
Eldredge, N. (1985) Time Frames: The evolution of punctuated equilibria. Princeton University Press.
Gould, S. J. (2002) The Structure of Evolutionary Theory. Harvard University Press.
Schopf, T. J. M. (1972) In: Models in Paleobiology (ed. T. J. M. Schopf), pp. 8–25. Freeman.
Raup, D. M. (1962) Science 138: 150–152.
Raup, D. M. (1966) Journal of Paleontology 40: 1178–1190.
Eldredge, N. (1971) Evolution 25: 156–167.
Eldredge, N. & Gould, S. J. (1972) In: Models in Paleobiology (ed. T. J. M. Schopf), pp. 82–115. Freeman.
Gould, S. J. (1977) Ontogeny and phylogeny. Harvard University Press. (『個体発生と系統発生 ── 進化の観念史と発生学の最前線』仁木帝都・渡辺政隆訳, 1988, 工作舎)
Gould, S. J. & Eldredge, N. (1977) Paleobiology 3: 115–151.
Hayami, I. (1973) Journal of Paleontology 47: 401–420.
Ozawa, T. (1975) Memoir of the Faculty of Science, Kyushu University, Geology D 23: 117–164.
Raup, D. M. et al. (1973) Journal of Geology 81: 525–542.
Raup, D. M. (1977) American Scientist 65: 50–57.
Gould, S. J. et al. (1977) Paleobiology 3: 23–40.
Raup, D. M. (1987) In: Neutral Models in Biology (eds. M. H. Nitecki & A. Hoffman), pp. 121–132. Oxford University Press.
Raup, D. M. & Gould, S. J. (1974) Systematic Zoology 23: 305–322.
Schopf, T. J. M. (1979) Paleobiology 5: 337–352.
Stanley, S. (1975) Proc. Natl. Acad. Sci. USA 72: 646–650.

Van Valen, L. (1973) Evolutionary Theory 1: 1-18.
Raup, D. M. (1975) Paleobiology 1: 82-96.
Gould, S. J. & Lewontin, R. (1979) Proc. R. Soc. Lond. B 205: 581-598.
Gould, S. J. & Woodruff, D. S. (1986) Bulletin of the American Museum of Natural History 182: 389-490.
Gould, S. J. & Woodruff, D. S. (1990) Biological Journal of the Linnean Society 40: 67-98.
Gould, S. J. (1984) Systematic Zoology 33: 217-237.
Gould, S. J. (1992) Biological Journal of the Linnean Society 47: 407-437.
Gould, S. J. et al. (1985) Evolution 39: 1364-1379.
Cain, A. J. (1977) Phil. Trans. R. Soc. B 277: 377-428.
Cain, A. J. (1980) Journal of Conchology 30: 209-221.
Gould, S. J. (1984) Paleobiology 10: 172-194.
Gould, S. J. (1989) Evolution 43: 516-539.
Gould, S. J. (1980) Paleobiology 6: 119-130.
Lewin, R. (1980) Science 210: 883-887.
Carson, H. L. (1980) Science 211: 771.
Maynard Smith, J. (1981) Nature 289: 13-14.
Charlesworth, B. et al. (1982) Evolution 36: 474-498.
Cain, A. J. (1979) Proc. R. Soc. Lond. B 205: 599-604.
Cheverud, J. M. (1984) Journal of Theoretical Biology 110: 155-171.
Wagner, G. P. (1988) In: Population Genetics and Evolution (ed. G. de Jong G). Springer-Verlag.
Gould, S. J. (1982) Science 216: 380-387.
Gould, S. J. (1983) In: Dimensions of Darwinism (ed. M. Greene) pp. 71-93. Cambridge University Press.
Barton, N. H. & Charlesworth, B. (1984) Annu. Rev. Ecol. Syst. 15: 133-164.

Mayr, E. (1997) This Is Biology: The Science of the Living World. Harvard University Press.
Levinton, J. S. (1988) Genetics, Paleontology and Macroevolution. Cambridge University Press.
Gould, S. J. & Eldredge, N. (1993) Nature 366: 223–227.
Coyne, J. & Charlesworth, B. (1997) Science 276: 337–341.
Nielsen, R. (2009) Evolution 63: 2487–2490.
Fitch, W. T. (2012) Evolutionary Biology 39: 613–637.
Gravel, D. et al. (2012) Nat. Commun. 3: 1–6.
Brakefield, P. M. (2006) Trends in Ecology and Evolution 21: 362–368.
Zalts, H. & Yanai, I. (2017) Nature Ecology & Evolution 1: 0113.
Sepkoski, D. & Ruse, M. (2009) In: The Paleobiological Revolution (eds. D. Sepkiski & M. Ruse), pp. 1–11. University of Chicago Press.
Hubbell, S. P. (2001) The Unified Neutral Theory of Biodiversity and Biogeography. Princeton University Press.
Hubbell, S. P. (2005) Paleobiology 31: 122–132.

7 貝と麻雀

速水格(2002)遺伝 56: 103.
速水格．私信．
速水格(1994)珊瑚樹の道．林工房．
Hayami, I. (1961) Jour. Fac. Sci., Univ. Tokyo, Sec. 2, 13: 243–343.
Hayami, I. (1973) Journal of Paleontology 47: 401–420.
速水格(1972)地質学雑誌 78: 495–506.
速水格(1975)科学 45: 477–488.
Hayami, I. & Ozawa, T. (1975) Lethaia 8: 1–14.
Hayami, I. (1978) Paleobiology 4: 252–260.
Hayami, I. & Okamoto, T. (1986) Paleobiology 12: 433–449.
Okamoto, T. (1988) Paleobiology 4: 272–286.

Hayami, I. & Hosoda, I.（1988）Palaeontology 31: 419–444.
Hayami, I.（1991）Paleobiology 17: 1–18.
速水格（1990）化石 49: 23–31.
速水格（2009）古生物学．東京大学出版会．
Vermeij, G. J.（1977）Palaeobiology 3: 245–258.
Vermeij, G. J.（1987）Evolution and escalation. Princeton University Press.
Oji, T.（1996）Palaeobiology 22: 339–351.
Kase, T. & Hayami, I.（1992）Journal of Molluscan Studies 58: 446–449.
Hayami, I. & Kase, T.（1996）American Malacological Bulletin 12: 59–65.
Kano, Y. et al.（2002）Proc. R. Soc. Lond. B 269: 2457–2465.
Cain, A. J.（1988）Journal of Evolutionary Biology 1: 185–194.
Okajima, R. & Chiba, S.（2009）Evolution 63: 2877–2887.
Okajima, R. & Chiba, S.（2011）American Naturalist 178: 801–809.
Okajima, R. & Chiba, S.（2013）Evolution 67: 429–437.
Cameron, R. A. D.（2016）Slugs and Snails. William Collins.
Barker, G. M.（2001）The Biology of Terrestrial Molluscs. CABI.
Goodfriend, G. A.（1986）Systematic Zoology 35: 204–223.
Gittenberger, E.（1996）Netherlands Journal of Zoology 46: 191–205.
Giokas, S.（2008）Journal of Natural History 42: 451–465.
Stankowski, S.（2011）Biological Journal of the Linnean Society 104: 756–769.
Emberton, K. C.（1994）Biological Journal of the Linnean Society 53: 175–187.
Heller, J.（1987）Biological Journal of the Linnean Society 31: 257–272.
Nakai, S. et al.（2012）Jour. Mar. Biol. Assoc. UK. 92: 547–552.
Hirano, T. et al.（2014）Molecular Phylogenetics and Evolution

70: 171-181.
Hirano, T. et al. (2015) Biological Journal of the Linnean Society 114: 229-241.
Cook, L. M. (1998) Archives of Natural History 25: 413-422.
Moreno-Rueda, G. (2009) Evolutionary Ecology 23: 463-471.
Quensen, J. F. & Woodruff, D. S. (1997) Functional Ecology 11: 464-471.
Hoso, M. & Hori, M. (2008) The American Naturalist 172: 726-732.
Wada, S. & Chiba, S. (2013) PLoS One 8: e54123.
Konuma, J. & Chiba, S. (2007) American Naturalist 170: 90-100.
Konuma, J. et al. (2013) Ecology 94: 2638-2644.
Morii, Y. et al. (2016) Scientific Reports 6: 35600.
Schilthuizen, M. et al. (2006) Evolution 60: 1851-1858.
Liew, T.-S. & Schilthuizen, M. (2014) PeerJ 2: e329.
Chiba, S. & Cowie, R. H. (2016) Annu. Rev. Ecol. Evol. Syst 47: 123-141.
Futuyma, D. J. (2013) Evolution, 3rd ed. Sinauer Associates.
Baur, B. & Baur, A. (1992) Heredity 69: 65-72.
Fearnley, R. H. (1996) Journal of Molluscan Studies 62: 159-164.
Wiwegweaw, A. et al. (2009) Biology Letters 5: 240-243.
Johnson, M. S. (1982) Heredity 49: 145-151.
Ueshima, R. & Asami, T. (2003) Nature 425: 679.
Kameda, Y. C. et al. (2009) American Naturalist 173: 689-697.
Koene, J. M. & Chase, R. (1998) Journal of Experimental Biology 201: 2313-2319.
Koene, J. M. & Schulenburg, H. (2005) BMC Evolutionary Biology 5: 25.
Koene, J. M. & Chiba, S. (2006) American Naturalist 168: 553-555.
Kimura, K. et al. (2013) Animal Behaviour 85: 631-635.
Kimura, K. & Chiba, S. (2015) Proc. R. Soc. Lond. B 282: 2014-

3063.
Kimura, K. et al. (2014) Acta Ethologica 18: 265-268.
Morii, Y. et al. (2015) Biological Journal of the Linnean Society 115: 77-95.

8 東洋のガラパゴス

速水格(1988)化石 45: 45-48.
MacArthur, R. H. & Wilson, E. O. (1967) The Theory of Island Biogeography. Princeton University Press.
Chiba, S. (1996) Paleobiology 22: 177-188. (千葉聡(1991)東京大学地質学教室博士論文)
Chiba, S. (1998) Paleobiology 24: 99-108. (千葉聡(1991)東京大学地質学教室博士論文)
Chiba, S. (1998) Paleobiology 24: 336-348. (千葉聡(1990)東京大学地質学教室博士演習報告)
Chiba, S. (1993) Evolution 47: 1539-1556.
Chiba, S. (1997) Biological Journal of the Linnean Society 61: 369-389.
Sowerby, G. B. (1839) In: The Zoology of Captain Beechey's Voyage to the Pacific and Behring's Straits (ed. F. W. Beechey), pp. 103-155. H. G. Born.
江村重雄(1943) Venus 13: 34-38.
江村重雄(1979)しぶきつぼ 6: 2-8.
湊宏(1978)国立科学博物館専報 11: 37-48.
冨山清升(1994) Venus 53: 152-156.
速水格(2003)化石 74: 81-84.
速水格・千葉聡(2004)古生物の進化(『古生物の科学 4』小澤智生・速水格・瀬戸口烈司編), pp. 1-41, 朝倉書店.
Chiba, S. (1996) Journal of Evolutionary Biology 9: 277-291.
Chiba, S. (1999) Biological Journal of the Linnean Society 66: 465-479.

Boycott, A. E. (1934) Journal of Ecology 22: 1-38.
Solem, A. (1985) Biological Journal of the Linnean Society 24: 143-163.
Cowie, R. H. & Jones, J. S. (1987) Functional Ecology 1: 91-97.
Smallridge, M. A. & Kirby, G. C. (1988) Journal of Molluscan Studies 54: 251-258.
Emberton, K. C. (1995) Evolution 49: 469-475.
Terrett, J. et al. (1994) Nautilus 108: 79-84.
Thomaz, D. et al. (1996) Proc. R. Soc. Lond. B 263: 363-368.
Chiba, S. (1999) Evolution 53: 460-471.
Chiba, S. (2004) Journal of Evolutionary Biology 17: 131-143.
Schluter, D. (2000) The Ecology of Adaptive Radiation. Oxford University Press.
Losos, J. B. (2010) American Naturalist 175: 623-639.
Gillespie, R. G. (2013) Current Biology 23: R71-R74.
Kimura, K. & Chiba, S. (2010) Evolutionary Ecology 24: 815-825.
Chiba, S. (2005) Evolution 59: 1712-1720.
Chiba, S. (2002) Population Ecology 44: 179-187.
Davison, A. & Chiba, S. (2006) Biological Journal of the Linnean Society 88: 269-282.
Davison, A. & Chiba, S. (2006) Molecular Ecology 15: 2905-2910.
Davison, A. & Chiba, S. (2008) Phil. Trans. R. Soc. Lond. B 363: 3391-3400.
Chiba, S. & Davison, A. (2007) Biological Journal of the Linnean Society 91: 149-159.
Chiba, S. & Davison, A. (2008) Journal of Molluscan Studies 74: 373-382.
Konuma, J. & Chiba, S. (2007) Journal of Theoretical Biology 247: 354-364.
Chiba, S. (2007) Ecology 88: 1738-1746.
Chiba, S. (2009) Journal of Molluscan Studies 75: 253-259.

Chiba, S. & Cowie, R. H. (2016) Annu. Rev. Ecol. Evol. Syst. 47: 123–141.

Davison, A. et al. (2005) PLoS Biology 3: 1559–1571.

Wright, S. (1931) Genetics 16: 97–159.

Gittenberger, E. (1991) Biological Journal of the Linnean Society 43: 263–272.

Cameron, R. A. D. et al. (1996) Philos. Trans. R. Soc. B 351: 309–327.

Rundell, R. J. & Price, T. D. (2009) Trends in Ecology and Evolution 24: 394–399.

Nosil, P. (2012) Ecological Speciation. Oxford University Press.

Gulick, J. T. (1905) Evolution, Racial and Habitudinal. Carnegie Institution of Washington.

Wallace, A. R. (1889) Darwinism: An exposition of the theory of natural selection, with some of its applications. Macmillan.

Nekola, J. C. & Smith, T. A. (1999) Malacologia 41: 253–269.

Barker, G. M. & Mayhill, P. C. (1999) Journal of Biogeography 26: 215–238.

Cameron, R. A. D. et al. (2000) Journal of Molluscan Studies 66: 131–142.

Cameron, R. A. D. & Cook, L. M. (2001) Journal of Molluscan Studies 67: 257–267.

Cook, L. M. (2008) Journal of Biogeography 35: 647–653.

Sauer, J. & Hausdorf, B. (2009) Evolution 63: 2535–2546.

Jordaens, K. et al. (2009) Biological Journal of the Linnean Society 97: 166–176.

Schamp, B. et al. (2010) Journal of Animal Ecology 79: 803–810.

Bloch, C. P. & Willig, M. R. (2012) Caribbian Journal of Science 46: 159–168.

Schilthuizen, M. et al. (2013) Journal of Geological Society 170: 539–545.

Parent, C. E. & Crespi, B. J. (2009) American Naturalist 174: 898-905.
Parent, C. E. (2012) American Malacological Bulletin 30: 207-215.
Stankowski, S. (2013) Molecular Ecology 22: 2726-2741.
Fiorentino, V. et al. (2013) Molecular Ecology 22: 170-186.
Hirano, T. et al. (2014) Molecular Phylogenetics and Evolution 70: 171-181.

9 一枚のコイン

Miura, O. et al. (2006) Proc. R. Soc. Lond. B 273: 1323-1328.
Miura, O. et al. (2006) Proc. Natl. Acad. Sci. USA 103: 19818-19823.
Kameda, Y. et al. (2007) Molecular Phylogenetics and Evolution 45: 519-533.
Hoso, M. et al. (2010) Nat. Commun 1: 133.
Hoso, M. & Hori, M. (2008) American Naturalist 172: 726-732.
Hoso, M. (2012) Proc. R. Soc. Lond. B 279: 4811-4816.
Chiba, S. & Cowie, R. H. (2016) Annu. Rev. Ecol. Evol. Syst.47: 123-141.
Wada, S. et al. (2013) Molecular Ecology 22: 4801-4810.
Suzuki, T. & Chiba, S. (2016) Journal of Theoretical Biology 406: 1-7.
Clarke, B. C. et al. (1984) Pacific Science 38: 97-104.
Murray, J. et al. (1988) Pacific Science 42: 150-154.
Cowie, R. H. (2001) Internat. J. Pest Manage 47: 23-40.
Hadfield, M. G. (1986) Malacologia 27: 67-81.
Meyer, W. M. et al. (2017) Biological Invasions 19: 1399-1405.
Bieler, R. & Slapcinsky, J. (2000) Nemouria: Occasional Papers of the Delaware Museum of Natural History Number 44: 1-99.
Ohbayashi, T. et al. (2007) Applied Entomology and Zoology 42: 479-485.

大林隆司(2006)小笠原研究年報 29: 23-35.
大河内勇(2009)地球環境 14: 3-8.
澤邦之(2015)國立公園 735: 9-11.
Chiba, S. & Roy, K. (2011) Proc. Natl. Acad. Sci. USA 108: 9496-9501.
Noriyuki, S. et al. (2012) Journal of Animal Ecology 81: 1077-1085.
Leigh, E. G. Jr. et al. (2007) Revue École (Terre Vie) 62: 105-168.
Salo, P. et al. (2007) Proc. R. Soc. Lond. B 274: 1237-1243.
Simberloff, D. (2014) Ecological Engineering 65: 112-121.

本書は二〇一七年六月、岩波書店より岩波科学ライブラリーの一冊として刊行された。

歌うカタツムリ―進化とらせんの物語

2023年7月14日　第1刷発行

著　者　千葉　聡（ちば　さとし）

発行者　坂本政謙

発行所　株式会社　岩波書店
〒101-8002 東京都千代田区一ツ橋 2-5-5
案内 03-5210-4000　営業部 03-5210-4111
https://www.iwanami.co.jp/

印刷・精興社　製本・中永製本

ISBN 978-4-00-603341-5　Printed in Japan

岩波現代文庫創刊二〇年に際して

二一世紀が始まってからすでに二〇年が経とうとしています。この間のグローバル化の急激な進行は世界のあり方を大きく変えました。世界規模で経済や情報の結びつきが強まるとともに、国境を越えた人の移動は日常の光景となり、今やどこに住んでいても、私たちの暮らしは世界中の様々な出来事と無関係ではいられません。しかし、グローバル化の中で否応なくもたらされる「他者」との出会いや交流は、新たな文化や価値観だけではなく、摩擦や衝突、そしてしばしば憎悪までをも生み出しています。グローバル化にともなう副作用は、その恩恵を遥かにこえていると言わざるを得ません。

今私たちに求められているのは、国内、国外にかかわらず、異なる歴史や経験、文化を持つ「他者」と向き合い、よりよい関係を結び直してゆくための想像力、構想力ではないでしょうか。

新世紀の到来を目前にした二〇〇〇年一月に創刊された岩波現代文庫は、この二〇年を通して、哲学や歴史、経済、自然科学から、小説やエッセイ、ルポルタージュにいたるまで幅広いジャンルの書目を刊行してきました。一〇〇〇点を超える書目には、人類が直面してきた様々な課題と、試行錯誤の営みが刻まれています。読書を通した過去の「他者」との出会いから得られる知識や経験は、私たちがよりよい社会を作り上げてゆくために大きな示唆を与えてくれるはずです。

一冊の本が世界を変える大きな力を持つことを信じ、岩波現代文庫はこれからもさらなるラインナップの充実をめざしてゆきます。

（二〇二〇年一月）